森林是集水库、粮库、钱库、碳库于一身的大宝库。

——习近平

中国次生林可持续经营技术指南

《中国次生林可持续经营技术指南》编写组　编著

中国林业出版社
‖CF‖PH‖‖ China Forestry Publishing House

图书在版编目（CIP）数据

中国次生林可持续经营技术指南 /《中国次生林可
持续经营技术指南》编写组编著 . —北京：中国林业出版
社，2024.5

ISBN 978-7-5219-2343-8

Ⅰ. ①中… Ⅱ. ①中… Ⅲ. ①次生林－林业经营－中
国－指南 Ⅳ. ①S718.54-62

中国国家版本馆 CIP 数据核字（2023）第 180419 号

责任编辑：刘香瑞　范立鹏

出版发行：中国林业出版社
　　　　　（100009，北京市西城区刘海胡同 7 号，电话 010-83143545 ）
电子邮箱：36132881@qq.com
网址：https://www.cfph.net
印刷：河北京平诚乾印刷有限公司
版次：2024 年 5 月第 1 版
印次：2024 年 5 月第 1 次
开本：710 mm×1000 mm　1/16
印张：11
字数：230 千字
定价：80.00 元

《中国次生林可持续经营技术指南》编写组

指导小组

组　　长：刘克勇

副组长：靳爱仙　蒋三乃

成　　员：白卫国　王雪军

编写小组

组　　长：刘宪钊　雷相东

副组长：谭学仁　黄选瑞

成　　员：赵中华　王鹏程　谢阳生　梁守伦　国　红

　　　　　董灵波　高文强　柴宗政　何　潇　王懿祥

　　　　　杨　璐　张晓红　张纪元　彭雨欣　郑玉洁

前　言

　　次生林是原始森林经过多次不合理采伐或遭受火灾、病虫害等自然灾害严重破坏后自然形成的森林。这些次生林在物种组成、林分结构、生长过程、生态功能等方面与原始林和人工林有着显著差异，往往具有目的树种缺乏、稳定性差、恢复进程慢等特点。中国次生林面积大、分布范围广，天然林中除少量原始林外，大部分为次生林，承载着固碳增汇、水源涵养、水土保持、生物多样性保护等功能，在我国林业和生态建设中发挥着重要的作用。从本质上说，次生林是原始林的一种退化类型，如果任其自我恢复，往往需要上百年甚至更长的时间，因此，开展科学经营是加快次生林恢复进程、提高恢复质量的必要手段。

　　我国有长期研究和经营次生林的历史。1959 年，林业部在甘肃天水召开了北方十四省（自治区、直辖市）天然次生林经营工作会议，提出了"全面规划，加强抚育，积极改造，充分利用"的经营原则，制定了"全面规划，因林制宜，抚育为主，抚育改造和利用相结合，充分利用林中空地补植造林，提高森林质量和总生产量"的次生林经营方针。1962 年，谭震林副总理专门就加强天然次生林经营作了批示，探索次生林经营技术的甘肃小陇山林业实验局应运而生。以吴中伦院士为首的专家团队，在小陇山开展了 20 年的天然次生林抚育探索。20 世纪末，随着"结构化经营""近自然经营""生态系统经营"等先进营林理念和技术的引入和中国化，次生林经营技术进一步完善，形成了一些有效的次生林经营模式。

　　当前我国经济正处在转变发展方式、优化经济结构、转换增长动力、促进高质量发展阶段的攻关期，林业发展也不例外。国家林业和草原局全面分析全国林业发展的形势和任务，及时将工作重点由增加森林面积转向增加森林面积与提高森林质量并重，将更多的工作着力点放在加强森林可持续经营、提高森林质量上来，并启动全国森林可持续经营试点工作。天然林面积占全国森林面积的 61.65%，其中，大部分是次生林，提升次生林质量是当前工作当务之急、重中之重。为加强全国森林可持续经营试点工作科技支撑，助力推进全国森林可持续经营，科学指导新时期我国次生林经营的工作实践，国家林业和草原局森林资源管理司组织相关专家对次生林经营的理论和实践进行了系统总结，编著了《中国次生林可持续经营技术指南》。本书是在国家林草局资源司的指导下，由中国林业科学研究院资源信息研究所牵头，组织中国林业科学研究院林业研究所、辽宁省森林经营研究所、东北林业大学、西北农林科技大学、河北农业大学、华中农业大学、浙江农林大学、贵州大学和山西省林业科学研究院等高校和科研单位联合编制。

本书是在多功能林业经营和可持续发展两个概念框架下提出的适合中国次生林经营实践的技术指南，充分借鉴了中国林学会次生林经营技术、北方次生林经营技术等成果总结，融入了"全周期""多功能""近自然""结构化"等经营理念。全书分为"基础理论篇""经营技术篇""分区应用篇"三部分。"基础理论篇"主要介绍了次生林的概念及形成过程、次生林的特点、次生林的主要类型和次生林经营原理；"经营技术篇"介绍了次生林的经营技术和措施；"分区应用篇"针对我国东北地区、华北地区、西北地区、华中地区、南方（华南、华东）地区和西南地区的典型次生林类型，提出相应的经营模式和营林措施。

本技术指南的出版得到了"南方典型次生林全周期多功能经营技术（2022YFD2200504）"和"雄安新区多功能城市森林营建技术研究（CAFYBB2019ZB005）"项目的支持。

由于时间和水平所限，书中错误之处在所难免，敬请读者指正。

编著者

2024.3

目　录

经营技术篇

分区应用篇

基础理论篇

1 次生林的概念及形成过程

1.1 次生林的概念

次生林（secondary forest）是原始森林经过多次不合理采伐和严重破坏以后自然形成的森林。与原始林同属天然林，但它是在不合理的采伐、病虫害、火灾、垦殖和过度放牧后，失去原始林的森林环境，被各种次生群落所代替；人工林采伐迹地上栽培树种的萌生林、入侵树种形成的混交林也属次生林范畴。次生林不仅是木材和林副产品的重要基地，而且在涵养水源、保持水土、调节气候和维持生态平衡等方面均起重要作用（张会儒等，2022）。

"次生"与"原生"相对应，人们根据森林发生的不同，把森林划分为原生林和次生林两大类。原生林，是在原生裸地上经过一系列植物群落原生演替而形成的森林。次生林，是在原生林被破坏后，在次生裸地上经过一系列植物群落次生演替而形成的森林（中国林学会，1984）。

需要特别指出的是，人们容易对次生林的"次"字产生误解，把森林的发生与森林的质量混为一谈，认为次生林就是劣质低产林，这是需要加以澄清的。在次生林中确实有些类型是劣质低产的，它们与原生林相比，树种的经济价值较低，木材产量较小；可是也有许多次生林是优质高产的，例如，我国北方的油松林、栎林，南方的云南松林、马尾松林等。这些类型的次生林，生长迅速，干形良好，经济价值高，采伐更新也较容易。相反，在原生林中也有许多价值不高的类型，如东北长白山原始林区的杨桦林，树干弯曲、矮小，直接利用其木材的价值不高（中国林学会，1984）。

我国天然林面积 $14041.52 \times 10^4 hm^2$，其中94%为大强度采伐或森林灾害后形成的次生林和过伐林。天然林的中幼龄林占比60.94%，几乎全部是天然次生林。这些森林因母树留存不当、种群遗传品质低劣和人为破坏等原因，造成目的树种缺乏，结构不稳定，林相差，生态服务功能不高。如大小兴安岭等国有林区天然针叶林、南方集体林区壳斗科占优势的天然阔叶林因过度采伐和后期经营措施未跟上，分别形成以山杨、桦木、枫香树等先锋树种为建群种的阔叶次生林，森林生态系统自我恢复能力减弱，林分质量下降，材质变差，稳定性降低，需要通过科学经营提升次生林的质量。

1.2　次生林的形成过程

森林的整个生命过程中有发生、发展、衰老和死亡等若干发育时期。在各个发育时期，都必然要发生林木与林木之间、林木与其他生物及环境之间的种种变化。同时，森林也会受到外力（人为干扰和自然灾害）的影响。种种变化和外力影响的结果是新的森林群落代替了原有的森林群落。这种现象叫作森林群落的演替。

群落演替按基质（可以简单地解释为群落着生的物质）状况可分为原生演替和次生演替。原生演替是指在原生裸地（没有植被的土地，甚至是没有土层的岩石表面）上开始的植物群落演替。植物群落从无到有，从低级到高级，从草本到木本，从疏林到密林，原生林是经过一系列的原生演替而形成的。次生演替是指在次生裸地（原生群落虽然不存在了，可是土壤还保留着，甚至还保留有原生群落某些种类的种子库或繁殖体）上开始的植物群落演替。由于原生演替和次生演替的基质状况不同，次生演替的速度要比原生演替快得多（李国猷，1992）。

森林群落演替按其性质和方向可分为进展演替和逆行演替。进展演替是指在没有人为干扰和其他外力破坏的自然状态下，森林群落从结构比较简单、比较不稳定向着比较复杂、比较稳定的阶段发展。例如，杨桦林，其结构比较简单（树种组成只有杨、桦或杨、桦混生，往往是单层林相）。但耐阴针叶树（如红松）侵入后，结构就变得比较复杂。杨桦林是不稳定的，容易被耐阴针叶树种所更替，当最后演替为阔叶红松林时，就变得比较稳定。逆行演替与进展演替相反，是指森林群落遭到外力破坏后，由结构复杂、稳定性强的群落演替为结构简单、稳定性差的群落。例如，阔叶红松林被杨桦林所代替（朱教君，2002）。

从森林群落演替的观点看，次生林就是在次生裸地上经过次生演替而形成的森林。然而，由于原生森林群落的不同，所处的气候、土壤条件的不同，受人为干扰或自然外力破坏频度和强度的不同，具体的演替过程及形成的次生林也是多种多样的（朱教君等，2004）。

我国东北东部山地（温带针阔混交林区）生长着大面积的红松与落叶阔叶树的混交林（通称阔叶红松林）。这种森林群落是比较稳定的。有人用顶极群落来形容它的稳定性。红松和伴生的阔叶树，都可以在林冠下天然更新，从而保持其复层异龄结构。但是，当受到过度采伐或火灾彻底破坏后，环境大变，林地裸露，光照增强，耐阴树种不能生长了，原来的红松也消失了。这时，遗留下来的或附近生长的山杨、桦木等强喜光树种却能适应这种环境。它们的种子丰富，种粒小，传播能力强，因而很快侵入。再加上种子发芽容易，幼苗生长快，抗日灼和抗霜冻的能力也强，所以很快就形成了山杨–桦木林（杨桦林）。杨桦林形成后，随着生长发育，又逐步地改变了环境条件，如林内又变得阴暗，土壤和空气湿度增大，等等。山杨、桦木的种子在林内虽然可能萌发成幼苗、幼树，但是终因得不到充足的阳光而枯死。这就是说，山杨、桦木虽然占据了某一地域，并能很好地生长，但却因其树种特点而不能在该地域繁衍。然而，杨桦林下的环境却又适合红松及耐阴阔叶树的生长，如果有一定数量的种源，则红松及耐阴阔叶树就会慢慢地在杨桦林中生长起来，最后占据林冠上层，排挤掉山杨、桦木（龚直文，2009）。

1.2.1　东北红松阔叶林次生演替过程

红松阔叶林是比较稳定的森林群落，可以通过天然更新保持相对稳定的异龄复层林结构（图1-1）。

红松阔叶原始林中的红松被采伐破坏后森林将呈现两种状态：一种是原生阔叶和山杨、白桦混交林；另一种是如果采伐强度大可进一步形成山杨、白桦阔叶混交林，该林分持续樵采后，主林层阔叶树种被砍伐，保留干形差、不成材的蒙古栎立木,由于栎类的萌生性,可能在持续的干扰中形成栎类矮林。这种林分被进一步破坏后将退化成灌丛(谭学仁等,2008)。

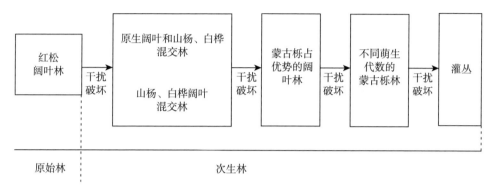

图 1-1　干扰后阔叶红松林的演替过程

1.2.2　华北林区松栎林的次生演替过程

华北低山区,如原生森林群落是油松或栎类纯林,或者是两树种的混交林,被破坏后可能演替为松、栎疏林,林分郁闭度大幅降低后,林窗、林隙和林缘出现山杨、桦木天然更新苗并混杂栎类的萌生苗,在持续的干扰破坏下,森林退化成萌生矮林。这个时候,如果封育或补植实生苗木,林分可能发生进展演替;如果再次被破坏,林分将向灌丛甚至裸岩方向发展(图 1-2)。

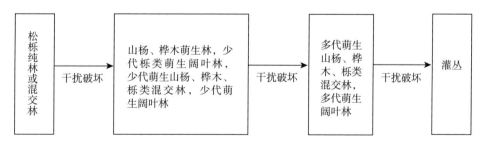

图 1-2　干扰后松栎混交林的演替过程

1.2.3　南方林区次生演替过程

南方低山丘陵区,地带性植被多为以壳斗科树种为主的常绿阔叶林,经过樵采或灾害干扰后可能演替为针阔混交林或壳斗科树种与枫香树、木荷等多树种阔叶混交林，林分郁闭度大幅降低后，林窗、林隙和林缘出现山杨、白桦天然更新苗并混杂栎类、青冈、槠栲类的萌生苗，在持续的干扰破坏下，森林退化成萌生矮林。这个时候，如果封育或补植实生苗木，林分可能发生进展演替；如果再次被破坏，林分将向灌丛甚至裸岩方向发展（图 1-3）。

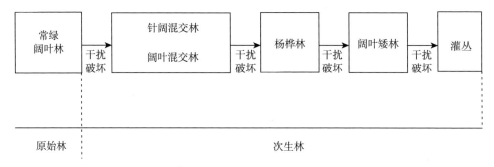

图 1-3　干扰后常绿阔叶林的演替过程

2 次生林的特点

合理经营次生林必须从次生林的实际出发，遵循其生长规律。因此，必须掌握次生林的特点，即次生林与原生林的区别。大体上说，次生林的主要特点有以下几个方面。

2.1 不稳定性

森林群落有一定的树种组成、一定的层次结构和一定的生态环境。如果某一森林群落在发展中能够保持其主要特征不发生大的改变，就认为这一森林群落比较稳定。相反，如果在发展过程中其主要特征发生变化，例如，树种组成改变，主要树种被其他树种替代，就可认为这种森林群落不稳定。从次生演替及次生林形成过程看，次生林一般是不稳定的森林群落。次生林不稳定主要归因于两个方面：一方面是内因，次生林的树种组成大多数是喜光树种。喜光树种的幼苗、幼树需要在全光或者光照相当充足的情况下才能正常生长发育。正因如此，当原生林破坏后，喜光树种作为先锋抢先更新成林。可是在成林之后，林冠郁闭，林下光照不足，其后代不能在林下生长。也就是说，由喜光树种组成的次生林，在其发展的同时也为自己的衰落准备了条件。然而，一些耐阴或中性树种却可以在林下更新，并且以其树干高大和寿命较长的优势，最终把压在头上的喜光树种排挤掉。另一方面是外因，次生林在其发展过程中往往会遭到各种干扰和破坏。而这些影响容易造成次生林进展演替与逆行演替互相交织的情形，从而造成次生林发展方向的不稳定。已经有原生林树种复生的次生林又退化为没有原生林树种的次生林，由乔林变为灌丛，都是很明显的例证（陈祥伟等，2005）。

2.2　复杂性

次生林的复杂性主要针对次生林的林相而言。林相，就是林分的树种组成和林冠的层次分布状况。原生林被破坏时破坏力的种类、破坏的频度和强度以及具体破坏情形相当复杂。例如，当原生林受到严重火灾或病虫害破坏时，烈火可能没有把全部林木烧死（尤其在混交林内），病虫害可能没有造成所有林木的死亡，那么在这样的地段上形成的次生林就不可能是很单一、很整齐的。再如，当原生林受到采伐破坏时，有时不一定采伐得很干净，会留下一些被认为没有用处的林木，甚至留下了一些小的植生组及幼苗、幼树。此外，原生林受破坏时，这一小地段可能被这样破坏，那一小地段可能被那样破坏；有的被破坏的次数多、强度大，有的被破坏的次数少、强度小；即使受到同样的破坏，也会因立地条件的差异而造成次生林的复杂性。由于以上种种原因，在次生林中除有些松林、栎林、杨桦林及其他树种组成的小片林外，大多数呈现树种组成复杂、林冠层不整齐、林木疏密不匀、高矮不齐、大小不等的林相（张悦等，2015）。

2.3　生长快和寿命短

部分次生林的生长速率较快。无论是林分平均高、平均胸径还是林分材积生长率，都比原生林高得多。其原因，首先，次生林多由喜光树种组成，多数喜光树种的生长速率比中性和耐阴树种快；其次，许多次生林是萌生更新，萌生更新的林木因有母树强大根系吸收养分，其前期的生长速率要比实生林快得多。与次生林的速生性紧密相关的是次生林的寿命比较短。喜光速生树种多为短寿命树种，特别是完全由无性更新所形成的林分，更容易早熟和短寿。一些多代萌生的次生林，只能采取矮林作业方式培育伐期短的小径材或薪炭材。

次生林的自然枯损现象也比较严重。所谓自然枯损，是指部分林木在采伐前就干枯或腐烂，失去木材的利用价值。在自然状态下，森林的自然枯损现象是普遍存在的。次生林自然枯损率较高除与次生林的速生性和短寿命有关外，还与次生林的异龄性及病虫害有关。

2.4 分布的镶嵌性

次生林与其他森林类型、植被类型和各种地貌地物类型之间互相插花分布的现象叫作次生林的镶嵌分布。造成这种现象的主要原因是人类生产活动。刚刚形成的次生林，其镶嵌性并不强。随着人们活动的逐渐频繁，交通的开辟，次生林被割裂得越来越分散。同时，由于人们破坏原生林的目的不同，如采伐、耕垦、放牧等，所形成的次生林类型也不同，既造成了次生林的复杂性，又造成了次生林的插花分布。但是，当人们对次生林继续破坏并超过一定限度时，使植被类型变得单一，其镶嵌性反而会减弱（Wang et al., 2020）。

2.5 旱化性

次生林的生态条件与原始林相比有显著的不同。由于外因干扰破坏后的森林，林地受光增强，蒸发量加大，空气流动加快，地表径流加速，土壤水分逐渐减少。次生林生态条件旱化性表现为群落由中生变为中－旱生，甚至旱生。如东北原始的阔叶红松林是中生群落，变为次生蒙古栎林即为中－旱生群落。土壤腐殖质由厚变薄，湿度变小；次生林被破坏得越严重，腐殖质层变得越薄，湿度变得越小，越接近于荒山无林地。特别是陡峭的阳坡和山脊，由于森林植被的破坏，形成不同程度的水土流失，土壤变得瘠薄和干燥。次生林的这种旱生性在我国的东北、西北和华北地区表现更为突出。

3 次生林的主要类型

由于次生林的成因复杂，对于次生林类型的划分没有一种固定的原则和方法，目前基本按照次生林的优势群落，以行政大区进行划分命名。针叶林以北方油松林和南方马尾松林为主，阔叶林则以软阔叶杨桦林和硬阔叶栎类林为主。

3.1 东北地区

①栎类林：多以蒙古栎林为主，一般是阔叶红松林被破坏后，在干燥瘠薄的地段上形成的。这类次生林的组成比较简单，林木多数是萌生，林下灌木以杜鹃、胡枝子为主，林分生产力不高，如继续破坏易退化为灌丛、草坡。

②杨桦林：面积仅次于栎类林，大多数杨桦林下出现中性或耐阴树种。土壤条件比较肥沃、湿润，林分生产力比较高，但山杨萌生林成熟早，病腐率较高。

③硬阔叶林：这类次生林多以水曲柳、花曲柳、胡桃楸、黄波罗（黄檗）、色木槭和榆树为主，多分布在沟谷和土壤肥沃的地段。由于早期的取材和乱砍滥伐，这类次生林受到的破坏比较严重。

④杂木林：组成树种以软阔叶树种为主，如杨、柳等，但也混生一些硬阔叶树种。所处的立地条件较好。但由于经营不合理，林分呈现各种复杂的状况。

3.2 华北地区

①油松林：这类次生林分布很广，经常与栎类混交，在肥沃地段容易演替成栎类林，在瘠薄地段上有少量油松纯林。

②栎类林：以辽东栎、蒙古栎、麻栎、槲栎、栓皮栎为主。由于栎树种类的不同和遭受破坏的程度各异，林分状况多种多样。

③杨桦林：是其他森林被破坏后形成的。所处土壤条件比较肥沃、湿润，阴坡的杨桦林生长良好，包括白桦、黑桦、枫桦和红桦。常被油松或栎树所更替。

3.3　西北地区

该地区的自然条件不良，原生林被破坏后往往演替为草原和荒漠。现有的次生林多为杨桦林和灌丛。

①杨桦林：云杉、冷杉林被破坏后，山杨、桦木侵入而形成的小片杨桦次生林。其林分很不稳定，如遭继续破坏极易失去森林植被。树种多为山杨、红桦、白桦。

②灌丛：针叶林被严重破坏后，附近无杨、桦种源，多形成灌丛，如被继续破坏，易形成草原或荒漠。此类灌丛具有重要的水土保持作用。

3.4　华中地区

①马尾松林：该类型的次生林分布较广，大多数为纯林。因林分密度和所处立地条件不同，其生产力差别很大。

②栎类林：也是分布很广的次生林，多分布在阳坡和岗丘。树种多以槲栎、麻栎、栓皮栎为主，常混生有黄连木、化香树等。林木多萌生，病腐率高。

③常绿阔叶次生林：主要分布在华中地区的南部，以苦槠、木荷居多。马尾松林镶嵌分布其中。

3.5　华南地区

该林区的次生林较为复杂，简述如下：

①热带雨林：此类森林被破坏后，常常由黄牛木、大沙叶、打铁树、破布叶、谷木、海南鹅掌柴等组成各种类型的次生林。

②亚热带季雨林：主要有 3 种次生林类型：一是由喜光速生或萌芽能力强的树种组成，如木贼麻黄、白背叶及血桐等组成的次生林；二是季雨林经反复破坏后形成的马尾松林，或由桃金娘、黄瑞木等组成的荒坡；三是季雨林经轻度破坏后，马尾松侵入形成的针阔混交林。

③稀树草原：分布在河谷两岸，是由于人类活动频繁所形成的植被群落。乔木是热带喜光树种，如黄檀、合欢、海人树、野桐、黄杞等，分布稀疏；灌木很少；草类发达，如飞机草、五节芒、斑茅等高草类。

3.6　西南地区

①杨桦林：是原生林经严重破坏后形成的。其中以桦木类居多，材质较好。这一类次生林的中、幼龄林比重较大。

②云南松林和高山松林：在海拔较低的阳坡，以云南松为主；在海拔较高的山地，以高山松为主。云南松和高山松习性相近，林相整齐，生长迅速，林木通直高大，材质良好。

③栎类林：主要分布在贵州和川东低山区，常混生其他阔叶树种。因被破坏程度不同，林分类型多样。

④热带杂木林、竹林：是雨林、季雨林被破坏后形成的，类型很复杂，生长条件好。

4 次生林经营原理

4.1 群落演替理论

植物群落演替是指一个植物群落被另一个植物群落取代的过程，是重要的植物群落动态特征。森林演替即在一个地段上，一种森林被另一种森林所替代的过程。森林演替理论旨在揭示森林生态系统发展变化过程的模式、原因、速度及可能达到的稳定程度，从而由生态系统的现状推测过去，预见未来。演替理论是科学经营和合理利用森林资源的理论基础，是对自然生态系统和人工生态系统进行有效控制和管理的根本依据，并可指导生态系统保护与维持以及退化生态系统的恢复和重建（王晓春等，2008）。

造成森林群落演替的因素很多，也很复杂，但可以大体归纳为两类：一是内因，主要取决于树种的生物学特性和生态学习性，即取决于林木的个体特性和群体特性。这两种特性在森林的不同发育时期有不同的表现，对环境条件有不同的要求。随着森林的生长发育，林木所处的生态环境也在不断改变。这种变化使原有的主要树种不适应了，同时又有新的树种相适应，从而发生演替，新的森林群落代替旧的森林群落。二是外因，指的是火灾、采伐、毁林开荒、病虫害、风灾、冰川侵蚀、大气候改变及地形变迁等。由于某种外力的作用，使原来的森林植物和环境失去了相对的统一性，因而被适应新环境的森林植物所代替。内因和外因是互相交织在一起的。所以，森林群落演替是一个非常复杂的过程（Mcintosh，1981）。

次生林的形成是次生演替的结果。次生演替是指开始于次生裸地上的植物群落演替，原来的森林群落由于火灾、洪水、崖崩、风灾、人类活动等原因大部分消失后所发生的演替。次生林的演替大致分为3个阶段：初期，原始林被破坏，先锋树种侵入形成次生林；中期，林分形成后改变了原来的环境条件，一些更适宜（耐阴）树种再次侵入，并逐渐形成新的林分；后期，林分向着原生地带性植被发展或逆行发展。除反复人为干扰外，一般次生林的演替符合自然趋同规律（王晓春等，2008）。

由于原生演替和次生演替的基质状况不同，次生演替的速率要比原生演替快得多。次生林一般由先锋树种组成，郁闭度较低，大多丧失原始林的森林环境，生态稳定性和生态功能较差。如果没有人为干扰，依靠森林自身的演替，次生林恢复到原始林群落结构需要几十年到近百年，甚至更长的时间（熊文愈等，1989）。

森林群落的自然演替理论对于次生林经营具有重要的指导意义。过度采伐会造成森林结构和环境的严重破坏，导致森林出现逆行演替。对次生林的经营要服从群落演替规律，通过控制演替的过程和发展方向，人为促进天然次生林的进展演替，加速次生林的恢复。如通过次生林内补植幼苗，弥补了缺少种源造成的目标树种更新稀少的不足，在一定程度上可以促进次生林的演替进程。另外，从树种的生态学特征看，处于演替后期的往往是一些耐阴树种，早期是喜光的先锋树种。因此在次生林经营中开展补植时，不能把喜光的先锋树种补植到耐阴树种的林分；但反过来可以加速次生林的演替进程（Mcintosh，1981）。

4.2 天然更新机制

4.2.1 概念

天然更新是指在没有人力参与或通过采取一定的主伐方式（如皆伐），利用天然下种或伐根、地下根茎萌芽和根蘖更新等方式形成新的森林的过程，对森林生态系统发育、群落稳定及演替具有重要的作用。天然更新的物种数量多、种类多，多形成复层异龄林，生产力较高，遗传品质较好。

4.2.2 类型

天然更新根据林分起源的不同可分为有性繁殖和无性繁殖两种途径。有性繁殖是由母树通过天然下种来实现的，又称实生更新；无性繁殖是通过林木的根、茎、叶等营养器官进行萌发和更新，并发育成新的个体，又称为萌生更新。

（1）实生更新

大部分植物都可以通过种子来实现更新，普遍要经过种子生产、种子扩散、种子萌发和幼苗定居 4 个阶段。在种子生产阶段，其结实能力可以保持很久（但质量可能不同），然后形成种子雨和土壤种子库，而种子的分布则会受到动物和自然搬运、腐烂等影响。只有非空粒、有生育力和活力的种子才有可能扎根发芽。同时，种子和幼苗极有可能因动物取食等因素而导致更新困难，所以种子萌发和幼苗定居是实生更新过程中最需要关注的两个阶段。虽然实生更新的方式在自然界中普遍存在，但种子能够顺利萌发并生长为幼树的概率却很低，这也成为制约森林天然更新的一大障碍。实生更新能够维持种群的遗传多样性，有利于种群的进化（朱万泽等，2007）。

（2）萌生更新

萌生更新主要是指树木干基萌生和地下茎萌生，是利用植株残留体上的休眠芽或不定芽形成新的植株的过程。萌生更新后的林木拥有母树的根系支持，受植物内部营养和激素的控制，可以有效利用土壤中的水分和养分，形成较为健壮的枝条。植株萌芽力一般在幼年时期很旺盛，之后会随着年龄增长逐渐减弱或丧失，所以只有在萌芽力旺盛的阶段进行采伐作业，才能获得良好的萌芽更新。不同树种在不同阶段的萌芽力不同，对同一年龄的某一树种，生长较慢时，采伐后的萌芽力较强。相比实生更新，萌生更新对环境的适应能力更强，萌生更新后的林木生长往往比实生更新快，能快速地占据林窗，更有利于维持群落的稳定。

4.2.3　影响因素

不论是实生更新还是萌芽更新，植株发芽后的过程大致可分为幼苗建成与成长和幼树生长至成熟两个阶段。进入幼苗生长阶段后，其首要条件是生长空间，其次是适宜的温度、水分、光照和养分（即土壤）条件等。幼树生长至成熟阶段与森林生长发育类似（王斐等，2019）。

影响天然更新的因素主要包括以下方面（杨玲等，2015）。

①树种：不同树种具有不同的种子大小和质量，体积较大的种子不易受自然因素影响而扩散，且常被动物取食，不利于天然更新，但大粒种子能储存较多的养分，使定居后的幼苗成活率提高。而小粒种子的优势在于不易被动物发现和取食，扩散能力也较强，有利于天然更新。不同树种的结实能力和萌芽能力也不尽相同。当树种相同时，萌芽林、立地条件不好、郁闭度小或者受过伤害的林木，其种子更新较快；而实生林、立地条件好、郁闭度大或未受过伤害的林木，开始大量结实的年龄较迟，其实生更新较慢。对于萌芽更新来说，更新能力与伐根年龄、立地条件、采伐方式和采伐季节有密切关系。

②林分结构：林分密度、树种组成、年龄分布、树高和直径分布以及空间配置等都会影响更新状况。例如，林隙更新理论表明，较大的林隙光照强烈，地表干燥，林下灌草较为茂盛，不利于种子发芽和出苗，即使有幼苗也不利于耐阴性强的幼苗生长，而小林隙内光照较弱，不利于喜光幼苗的生长（陈圣宾等，2005）。

③立地条件：不同立地条件下的森林更新也有差异，温度和降水是影响森林天然更新的主要气候因子。温度过高或过低都可能导致种子进入休眠期，限制种子萌发及幼苗生长，导致幼苗死亡率增加，成活率降低；水分的缺失也很有可能导致种子和幼苗的死亡。光照是影响森林更新的重要生态因子，能起到重要的信号诱导作用，诱导种子或植物体内的激素变化，从而影响天然更新。光照过强或过弱都会限制天然更新，适宜的光照条件是种子萌发与幼苗定居的关键。光照条件还影响林下植物的光合作用和养分的吸收，从而影响天然更新。在一定范围内，土壤水分的增加有利于种子萌发，而在种子萌发完成后，适当的水分胁迫能够促进主根伸长生长，植株能更有效地吸收养分。养分含量高的土壤更新效果较好，土壤退化的地区则不利于天然更新。此外，不同树种适宜的土壤容重和 pH 值等也不相同。

④竞争和干扰作用：竞争对森林天然更新的影响体现在不同树种的幼苗对

资源的获取能力不同，幼苗周围的灌草和大树均有可能通过竞争效应影响幼苗的生长发育，使不同树种的天然更新效果不同。干扰行为也会影响天然更新，适度的干扰能促进森林天然更新，但当干扰超出森林生态系统的恢复能力时，就会抑制更新。

理解天然更新机制对于次生林经营有重要的意义。一是要充分利用次生林的天然更新机制，对有天然更新的林分，对目的树种幼苗、幼树通过采取标记、人工促进等措施，加速幼苗幼树的生长；二是对于具备种源母树、天然更新不成功的次生林，采取破土增温等措施，增加种子接触土壤和萌发的概率；三是对于萌生和实生幼苗、幼树采取差异化的经营措施，增加实生苗的比例。

4.3　生物多样性理论

生物多样性是生物及其所在环境形成的生态复合体以及与此相关的各种生态过程的总和，包括数以百万计的动物、植物、微生物和它们所拥有的基因以及与其生存环境形成的复杂的生态系统。生物多样性作为描述自然界生命形式多样化程度的概念，一般包括遗传多样性、物种多样性和生态系统多样性3个层次。

广义的遗传多样性是指地球上生物所携带的各种遗传信息的总和。这些遗传信息储存在生物个体的基因之中。因此，遗传多样性也就是生物遗传基因的多样性。

物种多样性是指地球上动物、植物、微生物等生物种类的丰富程度。物种多样性是生物多样性的中心内容，也是衡量某个地区生物资源丰富程度的关键指标。

生态系统多样性主要是指地球上生态系统组成、功能的多样性以及各种生态过程的多样性，包括生境的多样性、生物群落和生态过程的多样性、生态系统功能的多样性等多个方面。其中，生境的多样性是生态系统多样性形成的基础；生物群落的多样性主要指群落的组成、结构和动态（包括演替和波动方面）的多样性。生态过程多样性主要是指生态系统的组成、结构与功能在时间上的变化，生态系统的生物组分之间及其与环境之间的相互作用或相互关系。生态系统的功能分为基本功能和衍生功能。基本功能包括能量的传输、养分的传输、水分的转移以及转换；衍生功能或过程包括土壤形成和转化、养分吸收和释放、分解、水分吸收和蒸发、光合作用、取食、传粉、繁殖、传播和贮存、捕食、寄生、致病、其他物种的相互作用以及对干扰的响应等。

大量研究表明，生物多样性能提高森林生产力等生态系统功能及其稳定性。但也有研究报道二者之间并没有明显的关系，极少发现二者呈负相关关系。例如，人工林控制实验表明，种植 8 年后，每公顷 16 个物种的混交林地上生物量平均碳储量约 32t，而每公顷纯林的碳储量仅约 12t，不及混交林的 1/2。目前存在多种机制来解释多样性与生态系统功能之间的关系，包括生态位互补效应、质量比效应、保险效应等假说。互补效应假说认为森林里树种的性状差异越大，生态学上互补的可能性就越大，能够产生的生态系统功能就越大。而质量比效应假说认为，在群落中，生物多样性主要是由优势树种的数量来决定，较高的优势种密度和生产力决定其具有较高的生物多样性。此外，保险效应假说认为生物多样性能增加生态系统稳定性。超产和物种异步性是解释多样性对生态系统稳定性的两种主要机制。超产是指多样性可以通过增加生物量或生产力的平均值来提高稳定性。物种异步性则认为由于不同物种对环境波动的响应差异，减小其生产力/生物量变异，从而增加稳定性。此外，林分结构多样性也对森林生长及其生态系统功能有显著的正效应。

生物多样性是生态系统生产力、稳定性、抵抗生物入侵以及养分动态的主要决定因素，生物多样性越高，生态系统功能性状的范围越广，生态系统服务质量就越高、越稳定。生物多样性是生态系统功能的主要驱动力，可以在各个层次上促进生态系统功能（如初级生产力、养分循环等），进而支撑固碳增汇、水源涵养等生态系统服务。因此，在次生林经营中，一方面要丰富树种组成，增加物种多样性，尤其是对针叶纯林，可通过补植或人工促进天然更新，形成针阔混交林；另一方面通过调整林木大小结构，增加林分结构多样性。

4.4 森林干扰理论

干扰是作用于生态系统的一种自然或人为外力，它使生态系统的结构发生改变，使生态系统动态过程偏离自然演替的方向和速率；其效果可能是建设性的（优化结构、增强功能），也可能是破坏性的（劣化结构、削弱功能），取决于干扰的强度与方式。森林干扰按照起因可分为自然干扰和人为干扰。干扰对森林生态系统可分为生物和非生物两类。生物干扰如昆虫、疾病、放牧、人类直接干扰等；非生物干扰如干旱、风、地质灾害、洪水、火灾等。大多数干扰是许多干扰因素相互作用的结果。次生林多为自然灾害和人为过伐等过度干扰所致。

研究表明，中度干扰可增加森林生态系统的总体生物多样性。当扰动频率太低时，竞争力强的演替后期种在群落内取得绝对优势；当扰动频率太高时，只有那些生长速率快、侵占能力强的先锋种能够生存；只有在中等扰动频率时，先锋种与演替后期种共存的机会最大，此时群落物种多样性也最高。

采伐是一项重要的次生林经营措施，合理控制采伐强度，保留目的树种和理想林分结构是关键。要避免高强度采伐导致的生态位过度释放，对森林生长、结构和生物多样性产生严重的负面影响。对次生林的经营，以抚育间伐为主，选择目标树，采伐干扰树，采用中低强度采伐来优化林分结构，促进目的树种和保留木的生长。

4.5 森林经营理论

4.5.1 近自然森林经营

近自然森林经营（close-to-nature forest management）是以森林生态系统的稳定性和生产力为目标，通过人力与自然力的协同作用来形成生态系统整体合力而经营森林的现代林业模式。其要领在于通过个体差异、树种关系、发育进程、空间格局等多个层次的人力 – 自然力的协同作用实现人与自然和谐共生的森林生态系统修复和经营模式。简单地说，近自然森林经营是一种充分利用自然和人工力量作用于森林生态系统的生长发育过程，形成经营合力来培育森林的专门技术。近自然经营计划可总结为（陆元昌，2006）：①以乡土树种为主要经营对象；②以理解和利用自然力实现林分天然更新为优先选择；③以森林完整的生命周期为计划的时间单元，参考不同森林演替阶段的特征制定经营的具体措施；④参照立地环境、地被指示植物和潜在植被来确定经营目标；⑤以标记目标树为特征进行单株木抚育管理；⑥采用择伐作业，并通过采伐实现林分质量的不断改进；⑦以全局优化为经营的最高目标；⑧定期对森林的生长和健康状态进行监测和评价，为经营方案调整提供依据。

4.5.2　结构化森林经营

结构化森林经营（structure-based forest management）是惠刚盈于 2007 年基于森林可持续经营的原则提出的（张守攻等，2002），是基于林分空间结构优化的森林经营方法的简称。结构化森林经营以培育健康稳定的森林为目标，根据结构决定功能的原理，以优化林分空间结构为手段，注重改善林分空间结构状况，按照森林的自然生长和演替过程安排经营措施。结构化森林经营针对每一种林分从空间结构指标（林木分布格局、顶极种优势度、树种多样性）和非空间结构指标（直径分布、树种组成和立木覆盖度）两方面分析其经营迫切性，首先伐除不具活力的非健康个体，并针对顶极或主要伴生树种的中大径木的空间结构参数（如角尺度、竞争树大小比数和混交度等）来进行空间结构调整，使经营对象处于竞争优势或不受到挤压的威胁，整个林分的格局趋于随机分布，群落生物多样性得到提高，从而使组成林分的林木个体和组成森林的森林分子（即林分群体）均获得健康（惠刚盈等，2007；2009）。

经营技术篇

5 次生林经营技术

5.1 次生林经营原则

（1）多功能协调原则

天然次生林在木材储备、生物多样性保护、固碳增汇、水土保持、水源涵养等方面都发挥着重要的作用。根据次生林的区位、立地和林分特征等，确定次生林的主导功能。在充分发挥次生林主导功能的同时，兼顾其他功能，实现次生林不同功能间的最大协调和最小冲突（张会儒等，2016）。

（2）近自然育林原则

向自然学习，以区域地带性稳定群落或演替顶极群落为参照，充分利用森林的自我调控机制，同时发挥人为经营措施的作用，形成人与自然的合力。充分利用天然更新，适时采取人工促进天然更新措施，识别和标记天然更新层的目的树种。充分利用个体差异和竞争关系，识别和标记目标树，伐除影响目标树生长的干扰树。充分利用种间关系，补植能形成互利共生的树种。通过以上措施来实现林分密度和结构的优化调整，加速森林自然演替进程（陆元昌，2006）。

（3）全周期设计原则

次生林的经营是一个长期过程，按发育阶段可划分为森林建群、竞争生长、质量选择、近自然林和恒续林5个阶段。现有次生林往往处于某一发育阶段，需要根据次生林的主导功能，参照区域稳定地带性植被或顶极群落植被组成，确定次生林经营的目标林分，作为次生林经营的最终目标，并给出从现状林分到目标林分过程中不同发育阶段的技术措施路线，确保一张蓝图绘到底。

（4）精细化经营原则

次生林由于干扰历史和干扰强度差异较大，形成的林分比较复杂，因而需要采取差异化的经营措施。从起源来看，次生林既有实生起源组成的乔林，也有实生和萌生起源树木共同组成的中林，以及萌生树木组成的矮林。从树种组成来看，次生林既有单一先锋树种组成的纯林，也有保留原始林组成树种特征的混交林。从退化程度来看，次生林既有主林层严重退化的林分，也有中度或轻度退化的林分。从发育阶段来看，次生林既有处于演替早期的林分，也有向稳定群落过渡的林分。需要针对这些特征设计差异化的经营措施。

（5）结构优化原则

以恢复健康稳定优质高效的森林生态系统为目标，优化林分结构。优化树种结构，增加树种多样性，发挥互补效应；提高目的树种的比例，促进目的树种的生长；优化起源结构，减少萌生树木的数量，提高实生树木的比例；优化大小结构，伐除健康程度低、生活力差的林木，增加高活力优势树木比例；优化林分空间结构，增大林分的成层性，尤其是培育更新层（惠刚盈等，2009）。

5.2　次生林发育阶段划分

森林培育过程可划分为森林建群、竞争生长、质量选择、近自然林和恒续林 5 个阶段。每个阶段有不同的培育目标和措施。

（1）森林建群阶段

森林建群阶段指天然更新至林分郁闭的未成林阶段。该阶段主要采取割灌、除草、浇水、施肥等幼林管护措施，提高幼苗成活率，促进林分尽快郁闭。

（2）竞争生长阶段

竞争生长阶段指所有林木个体在互利互助的关系下开始高生长而促进主林层高度快速增长的阶段。主林层的密集生长导致林下强烈庇荫，草本和灌木稀少。

该阶段采取透光伐、疏伐、补植演替后期树种等措施，调整林分密度和树种结构，促进高生长，培育优良干形。

（3）质量选择阶段

质量选择阶段是指林木个体竞争关系转化为以相互排斥为主，林木出现显著分化的阶段。生活力强的林木占据林冠的主林层并进入直径快速生长期，优势木和被压木可以明显地识别出来，典型的顶极群落树种出现大量天然更新。

该阶段采取生长伐和目标树管理（选择和标记目标树、采伐干扰树、目标树修枝）等措施，促进胸径和蓄积增长。通过人工促进天然更新和补植调整林分结构。

目标树为林分中长势好、质量优、寿命长、价值高，需要长期保留以达到目标直径方可采伐利用的林木。优先选择实生起源的个体，选择标准包括：①目的树种；②优势木或亚优势木；③干形通直圆满且没有二分枝的梢头，根据树种或当地的用材标准，至少应该有6~8m以上完好的干材；④一般要求至少有1/4全高的冠长；⑤无损伤。

（4）近自然林阶段

近自然林阶段是指目标树直径和林分蓄积快速增长，直到部分林木达到目标直径的阶段。树高差异变化表现停止的趋势，部分天然更新起源的耐阴树种进入主林层，林分表现出先锋树种和顶极群落树种交替（混交）的特征。

该阶段主要采取生长伐，使目标树形成自由树冠，促进目标树生长；并采取人工促进天然更新措施，培育下一代目标树。

（5）恒续林阶段

恒续林阶段是指目标树达到目标直径形成稳定结构的阶段。当森林中的目标树达到目标直径时这个阶段就开始了，主林层树种结构相对稳定，主要是由耐阴树种组成的顶极群落，达到目标直径的林木生长量开始下降，天然更新在部分林木死亡所形成的林隙下大量出现。

该阶段主要是实施混交异龄林的择伐作业，采伐达到目标直径的目标树获得木材，同时采取下层透光伐培育二代目标树。

5.3　次生林经营技术体系

次生林经营技术体系由林分现状描述、经营目标、目标林分、林分作业法、全周期经营设计和当前经营措施组成。

（1）**林分现状描述**

在次生林小班现状调查的基础上，描述次生林的立地特征、林分结构、天然更新情况、健康状况和经营历史等，分析林分所处的发育阶段。

（2）**经营目标**

次生林经营应明确功能目标，除主导功能外，还应兼顾辅助目标，实现木材储备、固碳增汇、生物多样性保护、水源涵养、康养游憩、景观及非木质林产品提供等多功能的最大协调。

（3）**目标林分**

次生林经营的目标是长期目标，即以健康稳定优质高效的森林生态系统为方向，主要采用树种组成、龄级结构、林层结构、林分密度、目标胸径（或培育周期）、单位面积蓄积量、生长量和更新方式等指标来描述。

（4）**林分作业法**

林分作业法指根据次生林的林分现状和经营目标，需要采取的整套经营措施，包括单株择伐作业法、群团状择伐作业法、渐伐作业法等。

（5）**全周期经营设计**

全周期经营设计指从林分现状到目标林分全过程采取的所有经营措施描述，包括发育阶段、林龄或树高范围、培育目标和主要培育措施。可以用以年度为单位的时间过程表（同龄林）或以优势高为代表的林分阶段（异龄林）与经营处理对应的全周期过程表来描述，也可以用从起点到终点的概念性逻辑过程图来描述。

完整的恒续林培育过程包括从森林建群、竞争生长、质量选择、近自然林至恒续林的 5 个阶段。但并不是所有的次生林经营都要经过这 5 个阶段，对于现有林，起点可以是竞争生长或质量选择阶段。不同的阶段采取不同的经营措施。

（6）**当前经营措施**

当前经营措施指根据林分现状、目标林分和所处的发育阶段，本规划期需要采取的经营措施，包括抚育间伐、补植、人工促进天然更新和修枝等。

6 次生林经营措施

次生林经营应根据所处发育阶段、当前林分存在的问题和目标林相，通过森林抚育、目标树定向培育和其他促进次生林生态系统发育的辅助措施来实现。

6.1 次生林抚育

次生林抚育是在次生林成熟前围绕培育目标所采取的各种营林措施的总称，包括抚育采伐、补植、修枝、人工促进天然更新，以及视情况进行的割灌、割藤、除草等辅助作业活动。森林抚育作业可概括为林木抚育和林地抚育两大类（谭学仁等，2008），见表6-1。

表6-1 森林抚育措施分类

森林抚育	林木抚育	割灌除草：包括割除灌木、清除杂草、除藤等，是对影响目的树种生长的其他植被（草、灌、藤）进行的管理
		抚育采伐：包括定株、透光伐、疏伐、生长伐和卫生伐等，是对林分密度结构调整及卫生状况的管理
		修枝：包括经济林的修剪、摘芽、除萌定干，是对树形和树干质量的管理
		补植（补种）、人工更新或人工促进天然更新：是后续更新管理
	林地抚育	除草松土：是对土壤物理性质改良的管理
		浇水、灌溉、排水：是对林地的水分管理
		施肥：是对林木的养分需求管理
		修筑水肥坑：是对林木蓄水保肥以及促进更新生长的管理

6.1.1 抚育采伐

森林（林分）生长发育是一个动态过程，随着构成森林（林分）的林木生长，林木个体生长空间逐渐变得狭窄，上层树冠郁闭，林下植被消退，林木下部枝条（尤其是针叶树种）由于长期接受不到阳光出现自下而上的枯死，林木间由于光照、水、营养等生长要素的差异导致其个体分化越来越大，处于劣势的个体逐渐枯死，产生优胜劣汰的自然稀疏现象，影响林分整体的健康生长。为此，通过人为措施伐除过密或处于生长发育劣势的个体，保留发育健康、品质优良的个体，促进健康、稳定、优质、高效森林生态系统的形成。

抚育采伐又称间伐，是根据林分发育进程、林木竞争和自然稀疏规律及森林培育目标，通过适时适量伐除部分林木来调整竞争关系、树种组成和林分密度，实现改进保留木质量，改善林木生长环境条件，优化林分结构，缩短培育周期的营林措施。抚育采伐的对象一般是乔木林中胸径达 5cm 以上的部分林木或大灌木。抚育采伐作业的类型分为透光伐、疏伐、生长伐和卫生伐 4 类。

抚育采伐是森林成林郁闭到成熟至更新全周期发育过程中的经营管理措施。当林木过密、林内光线缺乏、空气流动不畅时，需要把过密的林木进行疏化管理；或当有些林木的上方或侧方受其他林木压制，生长受到影响，需要把这些有碍木清除；或为了保证林木健康发育、尽快成材，需要重点照顾部分优势林木（如目标树）而除去干扰其生长发育的部分林木（干扰树）；或林分中部分林木受病虫害、火灾、风雪等危害而枯死、损伤，已无培育前途并影响其他仍健康的林木生长发育，则需要清除这些枯死、损伤林木。这些疏化、清除、除去的过程须通过采伐的方式进行调节。抚育采伐的主要方式如下。

6.1.1.1 透光伐

透光伐指将目的树种的幼苗、幼树从上层霸王树、妨碍生长的非目的树种等的压制下解放出来的抚育采伐。在林分郁闭后的幼龄阶段，通过伐除上层或侧方遮阴的劣质林木、霸王树、萌芽条、大灌木、藤蔓等，调整林分树种、年龄、空间结构，实现去劣留优，改善保留木的生长条件，促进林木的高生长。进行透光伐的林分一般处于森林形成的早期建群阶段。但对于复层林，为了促进下层天然更新的目的树种生长，同样可以采取透光伐。

6.1.1.2 定株

在幼林中，当同一穴中种植或萌生了多株幼苗时，需要选择相对好的苗木作为保留木，并按照合理的密度除去其他植株以保证保留木生长空间的抚育作业称为定株。

定株抚育主要是针对森林更新后形成的"一穴多株""丛状萌生""集中连片"现象而设计的，一般在次生林形成早期进行，主要是伐除质量差、长势弱等没有培育前途的植株。对于白桦、蒙古栎等萌生能力强的次生林，丛状萌生较为普遍，需要采取定株措施。

6.1.1.3 疏伐

在林分郁闭生长一定时期后的幼中龄林阶段或竞争生长阶段，当林木间生长竞争关系从互助互利开始向互抑互害转变后进行的抚育采伐称为疏伐。疏伐主要针对同龄林进行，通过间密留匀、去劣留优的采伐作业，调整林分树种、年龄、空间结构，为保留木留出适宜营养空间，促进林分的高生长。

从森林演替的角度看，疏伐主要在林分的竞争生长阶段进行，通过采伐作业调整林木间的竞争关系，优化保留木的生长空间。

（1）下层疏伐法

下层疏伐法是一种按树木生长势从劣到优的顺序进行采伐，主要采伐处于林冠下层生长势弱、径级较小的被压木、濒死木、枯立木以及个别干形不良木的抚育采伐方式。

首先砍除居于林冠下层生长落后、径级较小的濒死木和枯立木，也就是砍伐在自然稀疏过程中将被淘汰的林木。此外，也砍伐极个别粗大的、干形不良的林木。因而，下层抚育并不会改变自然选择进程的总方向，基本上是以人工稀疏代替林分的自然稀疏。下层疏伐后对林冠结构的影响不大，仍能保持林分良好的水平郁闭，只是林冠的垂直长度缩短了，形成单层林冠。由于及时清除了被压木，扩大了保留木的营养空间，从而促进了保留木的生长，提升了林分质量。

下层疏伐法最早产生于德国针叶林经营，至今仍成功地应用于松、云杉等林分，特别是喜光针叶树种纯林。下层疏伐法是以克拉夫特等的生长分级法为选木基础的，常见的分级方法有克拉夫特林木生长分级法和寺崎式树型分级法等。采伐强度取决于砍伐林木的级别。一般下层抚育的强度可分成 3 种。

弱度：仅伐除 V 级木。

中度：除伐去 V 级木外，也采伐 IV 级木。

强度：伐去全部 V 级、IV 级木和部分 III 级木。

（2）上层疏伐法

上层疏伐主要采伐抑制目的树种生长的上层林木以及林冠下层的濒死木、枯立木和个别干形不良木，是为目的树种生长创造良好的生长空间的森林抚育采伐方式，主要适用于异龄复层林。

①采伐对象：采伐居于上层林冠的林木（霸王木），人为改变自然选择的总方向，积极干预森林的生长。

②应用条件：可用于阔叶林和混交林。

在有些阔叶混交林中，位于林冠上层的往往是非目的树种，或虽为目的树种但却是干形不良、分枝多、树冠过于庞大、经济价值低的林木。

③方法：把林木分成 3 级。

优良木：树冠发育正常，干形优良，生长旺盛，为培育对象。

有益木：能促进优良木自然整枝，将来可能替代主林层，生长一般，处于林冠中下层，为培育对象。

有害木：妨碍优良木生长的分杈木、霸王木、老狼木（干形不良、树冠过于庞大占据林分大部分空间），为砍伐对象。

④伐后林分状况：上层疏伐的对象主要选自上层林冠，保留大小不等的优良木和有益木，因此抚育后形成垂直郁闭的复层林。

⑤特征：该方法比下层疏伐运用灵活，且能充分利用光照，可明显促进全林分的生长，形成异龄复层林。但技术要求高，疏伐后林分易受风、雪害（抚育后林相变化较剧烈）。这种间伐方法的特征是，首先选择最终收获对象（即培育对象，相当于目标树）的候补树，将妨碍目标树生长发育的邻近木作为砍伐木，为目标树的生长创造空间。在没有符合培育目标条件的地方不选择砍伐木。同时伐除受病虫危害的林木。中下层林木尽量保留，以培育异龄复层林。

为了保证树冠均衡发育，培育树干通直的林木，需要保持一定的林分密度，间伐后为培育目标树提供一定的树冠生长空间，一般情况下，初次间伐需要选择比收获预定多2~3倍的培育目标木，英国和日本的经验是每公顷保留300~600株。

6.1.1.4　生长伐

生长伐是指在中龄林或竞争生长后期向质量选择过渡阶段，当林分胸径连年生长量明显下降，保留木或目标树生长受到明显影响时进行的抚育采伐方式。生长伐与疏伐的根本区别是要确定林分的最终培育目标（终伐密度）。采用目标树分类系统的林分，选择和标记目标树并采伐干扰树；采用林木分级系统的林分，保留Ⅰ、Ⅱ级木，采伐Ⅴ、Ⅳ级木及部分Ⅲ级木，以促进保留木或目标树径向生长，提高林分蓄积增长速率和整体质量。

生长伐突出了"林分胸径连年生长量明显下降""目标树或保留木生长受到明显影响"两个判断采伐作业起始的林分特征（表6-2）。

6.1.1.5　卫生伐

卫生伐是指在遭受灾害的次生林中选择性地伐除已被危害的、丧失培育前途的、难以恢复的或危及其他目标树生长的林木以改善林分健康状态的抚育采伐方式。对于感染检疫性病害的林木，应全株清理出林分，并集中烧毁或深埋。

卫生伐具有以下特点：

①采伐时间紧迫：需要卫生伐的林分往往是遭受火灾、病虫害、雪压等干扰形成的，由于灾害发生具有偶然性，灾害发生严重时需要及时处理。

②重复期不定：卫生伐对林分具有拯救性质，处理过后不能确定下一次的采伐时间。有的灾害可能一个轮伐期中只有一次（如火灾）；有的虽然有第二次，但重复期也不能确定。

③采伐强度多变：林分需要卫生伐的原因不同，危害程度不同，需要伐除的数量就不同，因而不能事先规定强度范围。例如，火烧林分的卫生伐，其采伐强度由被烧木的数量决定。

④采伐木特征不定：不同原因引起的卫生伐采伐木特征不一样。例如，防

表6-2　主要间伐类型的特点

间伐类型	间伐木选择特点	间伐后林分	抗风雪害	收益性	间伐木径级分布
下层间伐	按树木生长势优劣，从劣势木开始顺序间伐，可培育形质优良的林分	优势木保留，且林木分布均匀	优	劣	
上层间伐	以上层木中平均木以上的林木为间伐对象，单次间伐强度大	保留了优势木以外的树木，林木分布不均	劣	优	

护林、风景林中的卫生伐，主要采伐过熟、病枯木；雪压、雪折林分，则采除雪害木。

⑤应用范围很广：其他抚育采伐方法的应用受林种、林龄等因素限制，而卫生伐通常在防护林、风景林、森林公园的林分中应用较多，用材林中应用较少。更多情况下，卫生伐不受林种和林龄的限制，应用广泛。

⑥需要较好的经济条件：卫生伐多是经济上亏本的，因此，在偏远林区，一般性的灾害后难以进行卫生伐，只有在集约条件较好的林区、有价值的林分中才能开展。透光伐、疏伐、生长伐和卫生伐4种抚育间伐方式均有其作业目的、适用对象、作业时期、次数等特征（表6-3），应根据这些特征来选择抚育间伐方式。

表6-3　不同森林抚育（采伐）方式的区别

特征	透光伐（透光抚育）	疏伐	生长伐（生长抚育）	卫生伐（卫生抚育）
目的	主要解决幼龄林阶段目的树种上方或侧上方严重遮阴问题	主要解决同龄林密度过大问题	主要调整中龄林的密度和树种组成，促进目标树或保留木径向生长	改善和恢复林分健康状态
适用对象	成分和结构复杂的天然林或混交林	人工同龄纯林（特别是针叶纯林）	缓和树种之间的竞争关系	遭受严重自然灾害的森林
时期	幼林抚育终止后几年或培育复层林需要调整上层郁闭度时	幼林阶段至中龄林阶段	中龄林阶段至主伐前，需要确定林分的最终培育目标密度时	林分未进入主伐前
次数	最多2次	多次	多次	1~2次
林龄	5~15年生	15~35年生及以上	主要为35~45年生及以上	不定
采伐对象树种	主要是栽植树种以外（非目的树种）的树种	主要是栽植树种（目的树种）		主要是栽植树种（目的树种）
收获（收益）	没有收获	先期没有或仅有较少收获，后期有收获		没有或较少收获

6.1.2 补植

补植是指针对缺乏目的树种或目的树种不具备天然更新能力的次生林，在低郁闭度林分的林冠下或林隙、林窗、林中空地等处补植目的树种，调整树种结构和林分密度、提高林地生产力和生态服务功能的抚育方式。

当对象林分出现以下情况之一时，通过播种或植苗的方式在林内补充目的树种：①郁闭度低（＜0.5）；②林木分布不均匀，具有较大的林窗或林隙；③缺少目的树种（景观林引进观叶、观花类等景观树种等）。补植方式主要包括带状补植、株行间补植和林隙（窗）间群团状补植等。

6.1.3 人工促进天然更新

人工促进天然更新是指通过破土增温、松土除草、平茬复壮、除蘖间苗等措施促进目的树种更新、幼苗幼树生长发育的抚育方式。

在种子年种子成熟飞散前进行整地松土，以保证种子落地后发芽成苗。由于天然更新幼苗在早期生长中可能出现顶芽损伤、萌蘖的现象，同时受邻近灌草竞争影响较大，为了促进天然更新苗木的生长，常结合实际情况，对于林下层天然更新幼苗采取松土除草、平茬复壮、侧方割灌、除蘖等措施；为了促进天然更新可创造适宜的更新条件（如修筑水平沟、水肥坑等）；条件允许的情况下，可根据需要对潜在目标幼树（苗）修筑水肥坑或加筑围栏保护。

6.1.4 割灌除草

割灌除草指清除妨碍目的树种生长的灌木、藤条和杂草的抚育方式。一般情况下，只需割除目的树种幼苗幼树周边 1m 左右范围的灌木、杂草和藤本植物，避免全面割灌除草，同时进行培埂、扩穴，以促进幼苗、幼树的正常生长。

①全林割灌不利于保护目的树种的幼苗，对森林的持续生长能力有负面影响。

②在不影响幼树生长情况下保持林下灌草的生态功能。林下灌草并不与主

林层乔木竞争养分，大部分有积累生物量、保护和促进微生物发育、养护土壤、促进森林生态系统物质分解循环的功效。

6.1.5　修枝

修枝指人为除掉林木下部枝条的抚育方式，主要用于培育天然整枝不良的大径级用材林、珍贵树种用材林、特殊用材林（如无节柱材等），以及需要通过修除树冠部分枝条调节林分光照和郁闭度，改善下层光照条件，或调节林木间树冠的竞争关系（如通过修除干扰树树冠部分枝条，为目标树树冠拓展提供一定生长空间）。

通过修枝调节冠幅大小和干材中节子的分布结构，可提高材质，提高林木生长量，增加树干的圆满度，并可改善林内环境和林木生长条件，有益于森林健康。修枝要尽量贴近树干，不宜太高（有的树种易发不定芽）。作业时间宜在树木生长停止的季节（冬季、早春、晚秋，树液没流动时）进行。修枝强度过大对林木生长有影响，一般情况下保持冠高比 2∶1~3∶1 为宜。

6.2　目标树管理

目标树是次生林中最重要的成分，它能够满足森林经营最终培育目标，属于目的树种，是生活力强、干材质量好、没有（或至少根部没有）损伤以及实生起源（优先选择）的林木。

目标树应该选择与立地适生的、与森林经营的产品目标一致的树种（目的树种），且应该是实生个体（保持生命力和长寿性），萌生的林木原则上不选为目标树；生长势应该是优势木或处于主林层的个体；干形通直圆满且没有二分枝的树冠，根据树种或当地的用材标准，至少应该有 6~8m 以上优质干材；冠形一般要求至少有 1/4 全高的冠长，且根据不同的树种有不同的具体指标，如松树的冠形应该是锥形的，落叶松的冠形是致密而不透光的，栎类要有椭圆而巨大的冠形等，总之要有反映旺盛生长趋势的冠形；生活力的指标在结合冠形的基础上主要考虑健康状态，不能有明显的损伤和病虫害痕迹，特别是在树干的基部不能出现各种因素导致的损伤情况。

目标树的培养要坚持适地适树原则，尽量培育混交林，充分利用林地空间和养分、水分资源，使林地生产力和生态功能最大程度发挥，目标树生长发育向着高品位、大径级方向发展，林分质量越来越好。

（1）目标树的选择时期

竞争生长向质量选择过渡时进行确定。一般情况下如最终树高可达30~35m，则在枝下高（无枝树干）达8~12m时进行。

（2）目标树的选择标准

①林木活力/将来的稳定性：树冠大、直径粗（相对于优势木）。

②林木质量/干材形质：树干通直，干形圆满，无损伤；树冠无枯枝，分杈少，冠形圆满。

③空间分布/距离间隔：所选目标树间保持一定间隔，满足未来生长空间。

选择时按照条件①~③顺位选择。优先选择树冠大、直径粗、生命力旺盛的；其次是林木的形质，首先干形要通直、节子少，没有病虫危害和损伤；最后是目标树的间隔，保持一定生长空间，避免未来目标树之间对生长空间的竞争（图6-1、图6-2）。

干扰树伐桩

图6-1　伐除干扰树以调节目标树冠生长空间

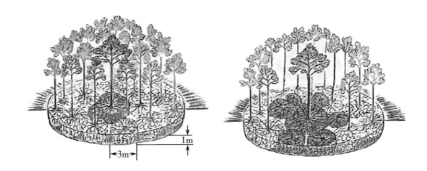

图 6-2　伐除干扰树以调节目标树根圈生长空间
（Rieger，2004）

（3）目标树间距

相邻目标树最小距离经验公式：

$$L_{dist}=d_{1.3} \times I \qquad (6-1)$$

式中，L_{dist} 为目标树距离；$d_{1.3}$ 为目标树胸径 (cm)；I 为经验数，一般阔叶树 I 为 25，针叶树 I 为 20。

如培育目标树的胸径为 45cm，则针叶树目标树的平均距离（也称最小距离）45cm × 20=900cm=9m，公顷目标树株数则为 $10000m^2/81m^2$=123.46 ≅ 124 株；阔叶树则为 45cm × 25=1125cm ≅ 11m，公顷目标树株数则为 $10000m^2/121m^2$=82.65 ≅ 83 株。

以目标树为中心间伐干扰树后，目标树树冠将得到更多光照，长得更高大，根系间的竞争性减少，可得到更多土壤水分和养分，促进径生长和根系生长，进而提高林木稳定性。

6.3　促进次生林生态系统发育的辅助措施

（1）土壤改良措施

土壤改良是促进森林系统快速发育的重要举措，同样也是人力与自然力融合的重要途径，对出现立地退化的针叶次生林尤为重要。目前，除保护林中现有的天然更新阔叶树作为改良土壤的间接措施外，另外设计以下人工促进土壤改良的直接措施。

①补植栎类、豆科等具有根瘤菌的树种，以及补植时人工引入营养土和复合菌液。复合菌液是由可以有效促进土壤和根系发育的多种共生性真菌构成的，具有改良土壤和提高林木须根发育的功能。在困难立地开展次生林经营时，补植播种坑的补植基质体积比为：70% 的林下土，30% 的营养土，复合菌稀释液 300mL，20g 复合肥。将 4 种材料混合均匀组成的混合基质，可以提高幼苗成活率和早期生长能力。

②人工引入腐生性真菌，促进抚育剩余物分解。

③人工引进共生菌，促进土壤生态系统发育和林木个体生长。

（2）林缘保护带设计

林缘是指林分与道路或河流相交的过渡地带，通常包括从路侧向林内延伸的 5m 左右区域。林缘既是森林环境的标志和维护带，也是生态因子的缓冲或过渡带。

加强林缘缓冲带的建设和保护是促进次生林生态系统发育的一个重要辅助措施。次生林经营应尽量减少对林缘的破坏，林缘 5m 以内一般不采取干扰树采伐、割灌除草、修枝等作业措施。林缘作为一个缓冲带有利于喜光或原生树种的更新生长，关键地段补植有刺的围栏植物，以保护林地和林内野生动物生境，促进森林恢复演替的进程。

（3）保护特殊生境

通过保护谷底或山脊部分残存的原生群落或特殊生境，可以起到强化和促进多样性岛屿效应的作用，整体加速森林生态系统的发育进程。

（4）增加食源蜜源植物

在林缘地带种植花灌木和果树。种植目的：①增加景观效果；②吸引昆虫和增加野生动物食源蜜源，促进野生动物繁育，增加生物多样性；③使林缘成为"林墙"，隔离林分与外部环境，改善林分小气候。

分区应用篇

7 东北地区

7.1 杨桦次生林目标树单株经营模式

7.1.1 适用林分

适用于以培育大径材为主兼顾水源涵养、水土保持、景观美化等生态服务功能的以杨桦为主的次生林。此类林分为地带性森林——阔叶红松林经皆伐、高强度采伐和火烧等破坏后恢复形成的主要次生林类型之一，是阔叶红松林次生演替系列中的重要类型。树种组成以先锋树种山杨和桦木为主，根据采伐强度和演替程度的不同，还有红松、蒙古栎、紫椴、色木槭、暴马丁香、春榆和臭冷杉等树种。

7.1.2 林分现状

该类型林分是以山杨、桦木等树种为主要标志的群落，林分中优势树种明显，很少混有其他树种。该类型林分主要是阔叶红松林或杂木林被破坏后形成的次生群落，现实典型林分绝大多数为皆伐迹地及撂荒地形成的幼龄林，中龄以上的林分较少，由于山杨、桦木均为喜光树种，且根蘖更新能力强，生长快，极易侵入无林地而形成优势群落，但杨桦林稳定性极差，很难在自身的林冠下更新，当其他中庸的或较耐阴的树种（椴、槭、榆等）侵入后，会被逐渐排挤掉而形成杂木林，即向进展演替发展。因此，杨桦林的经营应以强化森林抚育为主，防止被进一步破坏而退化，采取积极的森林抚育等技术措施，诱导培育成阔叶混交林或针阔混交林（图 7-1）。

7.1.3　经营目标

培育大径材为主兼顾水源涵养、水土保持、景观美化、生物多样性保护及碳汇功能，采用目标树单株择伐作业法。

7.1.4　目标林分

培育地带性异龄复层阔叶红松林，红松占二成以上，伴生阔叶树有紫椴、水曲柳、蒙古栎等，主要树种目标直径：桦木、山杨50cm+；红松50cm+；水曲柳、胡桃楸、黄檗45~60cm+；椴树35~60cm+。

图 7-1　杨桦次生林林相

目标蓄积量220~300m^3/hm^2（图7-2）。天然更新为中等以上。

图 7-2　目标林相（阔叶红松林）

7.1.5　全周期发育阶段划分和主要经营措施（表7-1）

表7-1　全周期发育阶段划分和主要经营措施

发育阶段	年龄（年）	主要经营措施	林相
建群阶段（更新后至郁闭成林前）	(0, 6)	当幼苗（树）株数达不到规程要求时，应补植红松、云杉、水曲柳、蒙古栎等目的树种；必要时对红松等天然更新幼树采取扩穴等人工促进措施，促进林分尽快郁闭	
竞争生长阶段（郁闭后至干材形成期）	[6, 15)	对下层天然更新的目的树种采取人工促进措施；对大于1.5m的丛状树进行定株（每丛3~4株，健壮、干形直者优先保留）	
质量选择阶段	[15, 30)	当种间竞争激烈，林分出现明显分化时，开展1次透光伐；持续对下层天然更新的目的树种采取人工促进措施；在林中空地、林窗或林木稀疏的地段补植目的树种；抚育间隔期一般在5年以上。选择目标树，目标树株数150~200株/hm²；开展1次生长伐，伐除干扰树	

续表

发育阶段	年龄（年）	主要经营措施	林相
近自然阶段	[30，60)	对桦木、山杨中的目标树开展生长伐，促进胸径生长；对下层天然更新的珍贵阔叶树和补植的红松等目的树种实施人工促进天然更新和透光伐，并视情况补植目的树种	
恒续林阶段	≥60	采伐达到目标胸径的桦木、山杨；目的树种进入主林层，并部分占据上层；选择更新形成的红松、蒙古栎等二代目标树，形成阔叶红松林	

7.1.6 主要经营措施

①定株：对密度过大、竞争激烈的林分，采伐丛生桦木、椴树等树种中干形不良、活力差的林木（图 7-3）。

（a）定株前   （b）定株后

图 7-3　定株前后

②选择和标记目标树：早期以桦木、山杨为主，后期以红松、蒙古栎、椴树、水曲柳、黄檗等为主，选择生活力强、干形优良、无病虫害和损伤的林木。

③生长伐：采伐干扰树，围绕目标树开展抚育，采伐影响目标树生长的干扰树（图7-4）。

图7-4　生长伐后的林分

④透光伐：主要针对天然更新幼树和补植的目的树种，伐除影响其高生长的非目的树种（图7-5）。

图7-5　透光伐后的林分

⑤补植：对过疏林分及处于竞争生长后期林分，采取植生组方式补植（每组 3~5 株）、"见缝插针"方式补植红松等针叶树种或水曲柳、胡桃楸、黄檗、椴树等阔叶树种，最终转变成稳定的阔叶红松林（图 7-6 至图 7-9）。

⑥人工促进天然更新：对天然更新的红松和珍贵阔叶树种，采用扩穴、割除或折断影响其生长的灌木和高大草本植物。

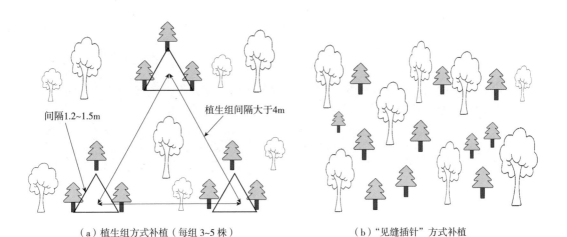

间隔1.2~1.5m

植生组间隔大于4m

（a）植生组方式补植（每组 3~5 株）　　　　　　（b）"见缝插针"方式补植

图 7-6　不同补植方式

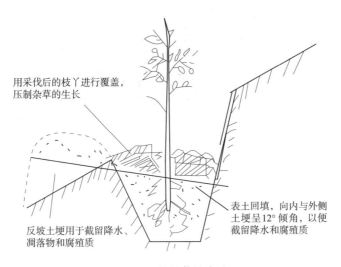

用采伐后的枝丫进行覆盖，压制杂草的生长

表土回填，向内与外侧土埂呈12°倾角，以便截留降水和腐殖质

反坡土埂用于截留降水、凋落物和腐殖质

图 7-7　补植栽植方法

图 7-8　林内植生组方式补植红松

（a）更新幼树标记　　　　　　　　　　　（b）更新幼树保护

图 7-9　更新幼树的标记与保护

⑦割灌或折灌：对影响更新幼树生长的大灌木采取折枝割灌措施（图7–10）。

（a）灌木折枝　　　　　　　　　　　（b）灌木折枝后的状态

图 7-10　折枝割灌

当林下更新的红松幼树或其他目的树种幼树的生长受到周围高大杂草、灌木以及藤本植物影响时，可采用割灌除草措施，如图 7–11 所示。

（a）人工更新的红松受杂草灌木覆盖　　　　　　　（b）人工更新的红松受灌木覆盖

图 7-11　人工更新的红松受杂草灌木覆盖

⑧修枝：在树液停止流动的冬季进行，对选定的目标树（保留木）进行修枝，修枝高度至树冠力枝（树冠中最长的一轮侧枝）或树高 2/3 处，最终修枝高度达 6m 以上停止。对于阔叶树幼树，主要修除粗大侧枝及多头（主梢），保

持顶端优势，培育优良干形。修枝方法：采用修枝剪（果树剪）、锯（高枝锯）进行修枝，切口截面与树干平行，不留枝桩，切口断面力求最小（图 7-12）。

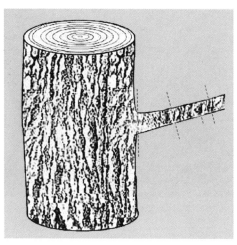 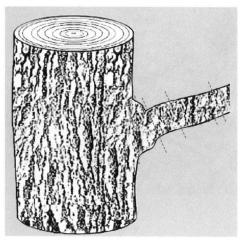

----- 正确的修枝部位　　----- 错误的修枝部位

图 7-12　修枝方法

⑨采伐剩余物处理：采伐作业后对伐区内的采伐剩余物（枝丫、灌木和藤条等）可采取摆趟（堆放树木根部）和截短散铺法进行处理（图 7-13）。

图 7-13　采伐剩余物堆放树木根部

7.2 蒙古栎次生林目标树单株经营模式

7.2.1 适用林分

适用于以培育大径材为主兼顾水源涵养、水土保持、景观美化等生态服务功能的以栎类为主的天然次生林。分布于主要土壤类型为棕壤或暗棕壤、黄棕壤、褐土的地区。林地质量等级为Ⅰ、Ⅱ级。

7.2.2 林分现状

该类型林分是以栎类为优势树种的森林群落，主要以蒙古栎、辽东栎、槲栎等树种为主，其中蒙古栎最多，辽东栎次之，槲栎较少，常与其他阔叶树组成混交林（图7-14）。栎类属喜光树种，对土壤的适应性较强，具有较强的萌

图7-14 以蒙古栎为主的天然次生林

芽力和耐火性，栎类林是稳定性很强的森林群落。在演替进程上，由于缺乏针叶树种源，已很难形成针阔混交林。

7.2.3 经营目标

该类型林分以培育大径材为主兼顾水源涵养、水土保持、景观美化、生物多样性保护及固碳增汇等生态服务功能，采用目标树单株择伐作业法，培育以栎类、红松为主的阔叶红松林。

7.2.4 目标林分

目的树种为栎类、红松等，蒙古栎目标树 150~200 株/hm² （林分密度220~250 株/hm²），主要树种目标树直径：蒙古栎≥45~50cm+、红松≥50cm+，生长周期 81 年以上，目标蓄积量 280~310m³/hm²，经多次抚育促进蒙古栎、油（红）松或其他适生阔叶树和针叶树更新，择伐后培育蒙古栎 – 红松或其他适生阔叶树异龄复层恒续林。

7.2.5 全周期发育阶段划分和主要经营措施（表 7-2）

表 7-2 全周期发育阶段划分和主要经营措施

发育阶段	年龄（年）	主要经营措施	林相
更新后至郁闭成林前	(0，6)	苗木高度小于 1m 时保持自然状态，大于 1m 后对丛状萌生木进行定株（每丛 3~4 株，发育健壮、离地面最近者优先保留）、抹芽定干（幼树条直、有主干），必要时进行扩穴（修筑水肥坑）等措施，4~5 年后再次进行定株（每丛 2~3 株），保留密度 3000~6000 株/hm²，注意保留其他天然更新目的树种	

发育 阶段	年龄 （年）	主要经营措施	林相
郁闭后 至干材 形成期	[6，10]	定株（每丛1~2株），保留密度2500~4000株/hm²，割除影响蒙古栎生长的非目的树种和灌木、藤本，去除枯死枝和发育粗壮的侧枝等，树冠整形（保证形成主干），培育优良蒙古栎干形	
	（10，20]	种间生长竞争激烈、林分出现分化时开展1次透光伐，树冠修枝整形（树干≥3m）；开展1~2次疏伐，间隔期3~4年，伐后保留林分密度900~1110株/hm²，促进林木生长，培育优良干材	
	（20，40]	开展1~2次疏伐，伐后保留林分密度600~750株/hm²；对保留木进行修枝（树干≥4m）	
林分蓄 积增长 及促进 更新 阶段	（40，60]	林分进入冠下更新阶段，实施1~2次疏伐（生长伐），确定目标树150~200株/hm²（目标树含其他阔叶树，林分保留密度420~500株/hm²），对目标树进行修枝（树干≥5m）；林冠下人工补植红松、栎类等（人工促进蒙古栎更新）至500~750株/hm²，及时进行幼林抚育，注意保留天然更新的幼苗（树）	

续表

发育阶段	年龄（年）	主要经营措施	林相
林分蓄积增长及促进更新阶段	（60，80]	当下层更新的幼树生长受抑制时，对上层蒙古栎开展1~2次生长伐，最终保留林分密度220~350株/hm²；促进林木个体径向生长，增加林木蓄积，改善林木质量和健康状况，培育形成高品质的蒙古栎（部分阔叶树）大径级林木	
收获更新、恒续林阶段	>80	对上层林木择伐2~3次，每次择伐强度不大于30%，同时对更新层进行抚育，同一层次针阔株数比例控制在5:5左右，确保不同层次林木的正常生长。以水源涵养、水土保持、景观美化等生态服务功能为主的，最终保留上层大径级蒙古栎林木60~75株/hm²（至生理成熟），培育蒙古栎-红松或其他适生阔叶树、针叶树异龄复层恒续林	

7.2.6　主要经营措施

①定株：对于栎类等阔叶树伐桩更新的树丛，一般视萌芽更新情况，3~4年后每个伐桩保留3~4个生长健壮的植株，间隔3年后，每个伐桩保留1~2株，定株抚育后密度控制在3000~6000株/hm²（图7-15、图7-16）。

对天然下种更新形成的幼树，幼树平均树高<1m的保持自然生长状态；1~2m的保留2500~4000株/hm²；≥2m的保留2000株/hm²以上。

（a）伐桩丛状萌芽更新情况

（b）按1、2、3顺序保留
（离地面低的优先保留）

（c）定株前

（d）定株+修枝后

图7-15 以蒙古栎为主的天然次生林经营措施

（a）实生　　　　　　　　　　　　　　　（b）萌生

（c）定株抚育前　　　　　　　　　　　　（d）定株抚育后

图7-16　栎类次生林定株抚育前后林相

②选择和标记目标树：早期以栎类为主，后期以红松、栎类等为主，选择生活力强、干形优良的优势木作为目标树并进行标记（图7-17）。

③生长伐（疏伐）：根据林分现实疏密度情况确定生长抚育方式。林分现实密度大于栎类大径材（木）培育规定的适宜保留株数上限时，采取生长伐（疏伐）；林分现实密度低于栎类大径材（木）培育规定的适宜保留株数下限时，采取综合抚育。抚育时按照林木分级或林木分类确定保留木（采伐木），以定性选择培育目标树为主，定量控制林分密度。采取林木分级，采伐的顺序为Ⅴ级木、Ⅳ级木、Ⅲ级木；保留木的选择顺序为Ⅰ级木、Ⅱ级木、Ⅲ级木，最后满足于定量间伐株数为止；采取林木分类，应按确定目标树的株数，围绕目标树开展

图 7-17 从目标树与周边树冠的关系确定干扰树

抚育采伐，目标树尽可能分布均匀，采伐顺序为干扰树、（必要时）其他树。保留顺序为目标树、辅助树、其他树（图 7-18、图 7-19）。

这种抚育采伐的主要特征是，首先选择最终收获对象（即培育对象，相当于目标树）的候补树，将妨碍目标树生长发育的邻近林木作为砍伐木，为目标树的生长创造空间。在没有符合培育目标条件的地方不选择砍伐木。同时伐除病虫危害的林木等。中下层林木尽量保留，以培育异龄复层林。

为了保证树冠均衡发育，培育树干通直的林木，需要保持一定的林分密度，间伐后为培育目标树提供一定的树冠发育空间（图 7-20）。一般情况下，初次间伐需要选择比收获预定多 2~3 倍的潜在目标树（保留 300~600 株/hm²）。

④透光伐：主要针对天然更新幼树和补植的目的树种，伐除影响其高生长的非目的树种，为更新幼树提供侧（上）方生长空间。透光伐通常需要伐除上层或侧方遮阴的劣质林木、霸王树、萌芽条、大灌木、藤蔓等，间密留匀、去劣留优，调整林分树种组成和空间结构，改善保留木的生长条件，促进林木高生长。通过透光伐，在实现林分整体空间结构优化的基础上，进一步突出了该采伐作业方式对于目的树种的促进作用。根据森林演替的相关理论，进行透光伐的林分主要处于森林形成的早期阶段（图 7-21）。

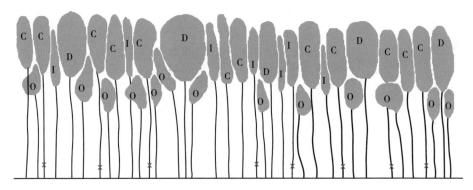

（a）抚育采伐前的林分状态

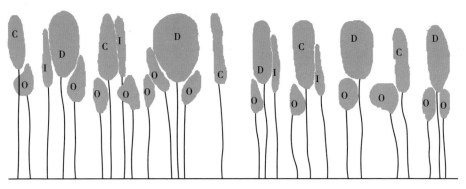

（b）抚育采伐后的林分状态（第二次间伐）

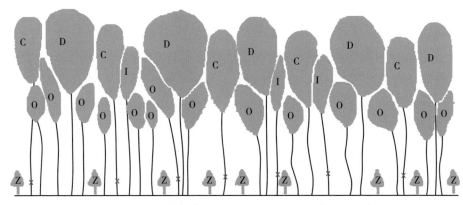

（c）抚育采伐后随着林分的发育生长，达到第二次间伐的林分状态
（随后根据林分发育情况再进行下一次间伐，至 D 达到培育目标进行单株择伐，并进行林下空地"见缝插针"
补植红松等针叶树 Z，培育异龄复层林）

图 7-18　阔叶树上层间伐模式（改绘自 Smith，1986）

［树冠为保留至主伐时的林木，树干下部标记有"×"的为采伐木。D 为优势木、C 为次优势木、I 为中间木、
O 为被压木，保留木以 D 为主（部分 C），采伐木以 C 和 I 为主，有时可选择霸王树］

（a）生长伐前（一）

（b）生长伐后（一）

（c）生长伐前（二）

（d）生长伐后（二）

图 7-19　蒙古栎天然次生林生长伐前后的林相

图 7-20　目标树周围树冠疏开的状态

图 7-21　需要透光伐的林分

⑤补植：对过疏林分及处于竞争生长后期的林分，补植红松等针叶树种，最终诱导培育成栎类、红松为主的阔叶红松林（图 7-22 至图 7-24）。对采取综合抚育的林分，可进行林冠下人工更新红松，栽植密度为 800~1200 株/hm²，即株行距约 3m×3（2）m，栽植点距离目标树 ≥3m。造林苗木采用 I 级苗（非嫁接苗）。栽植要在土壤春季解冻深度达到苗木主根长度、苗木芽萌动之前进行，栽植时期尽量提前。采用营养杯苗造林可在春季、雨季或秋季进行。栽植方法为开穴直径 30cm，穴深超过苗木主根长 5cm 左右，栽苗要扶正，根系舒展，先填湿的表土至坑深 2/3，轻提苗木后踩实，覆底土，再踩实，最后覆一层虚土，埋土深度至苗木原根际土印以上 1~2cm。补植后连续割灌除草（水肥坑修筑）抚育 3~5 年：只割除栽植树种及潜在目标树（幼苗幼树）周边 1m 左右范围的灌木、杂草及藤本植物，避免全面割灌除草。同时也可根据需要进行培埂、扩穴（水肥坑修筑，规格 30cm×40cm）。

⑥人工促进天然更新：对天然更新的蒙古栎和其他目的树种幼树（苗），采取扩穴、割除或折断影响其生长的灌木和草本等抚育措施。在抚育过程中有目的地保留林内更新的栎类等目的树种幼苗（树），特别是水曲柳、胡桃楸、黄檗等珍贵树种。对林冠下天然更新的幼苗（树）在早期生长中出现顶芽损伤、多头萌蘖等现象的，可采取平茬措施进行复壮；对在早期生长中受到邻近灌木或杂草影响的，可采取侧方割灌、松土、除草、除蘖等促进幼苗（树）生长的措施。在条件允许的情况下，根据需要可对潜在的目标树幼苗（树）修筑水肥坑

（a）采用优质苗木（栽植前根系蘸泥浆）

（b）苗木扶正踏实

（c）踏实后上层覆盖一层虚土

（d）最后将栽植穴覆盖一层树叶

图 7-22　林下红松补植

图 7-23　天然次生林下"见缝插针"式补植红松

图 7-24　天然次生蒙古栎林内补植红松形成异龄复层林

或加筑围栏保护（图7-25）。潜在目标树的株数为目标树株数的2倍以上，不足的进行人工补植（种）。

⑦割灌除草（藤）：主要采取穴状割除方式，抚育时割除栽植幼树（穴）周边0.5~1.0m范围内影响其生长的杂草、灌木和非目的树种等，要特别注意保留天然更新的幼树（苗）；对于群团状更新的天然幼树（苗），主要清除稠密树丛中影响目的树种生长的杂草、灌木和非目的树种。全面割除和清理缠绕在林木上的藤本植物，有条件的可采取除根措施，避免全面割灌除草。同时也可根据需要进行培埂、扩穴（水肥坑修筑，规格30cm×40cm）。

（a）培埂 （b）水肥坑

图7-25 人工培埂或修筑水肥坑

⑧修枝：在树液停止流动的冬季进行，对选定的目标树（保留木）进行修枝，修枝高度至树冠最长枝条处或树高2/3处，修枝高度以6~8m为宜。对于阔叶树幼树主要修除粗大侧枝及多头（主梢），保持顶端优势，培育优良干形。修枝方法：采用修枝剪（果树剪）、锯（高枝锯）进行修枝，切口截面与树干平行，不留枝桩，切口断面力求最小，避免损伤树皮。

⑨采伐剩余物处理：采伐作业后对伐区内的采伐剩余物（枝丫、灌木和藤条），可采取全清、半清、不清措施，有条件的应运出利用。对于公益林（特别是水土保持林和水源涵养林）宜采用摆趟（堆）和截短散铺法进行处理。摆堆处理的堆宽度≤1.5m，长度≤2.5m，高度≤1m。摆趟（带状堆积）处理的带宽度≤1.5m，高度≤0.5m，长度不限（需要考虑防火间隔时，一般20m断带，间隔

3~5m)，带（趟）间距离≥6m。坡度≤15° 横山或顺山摆放（摆龙），坡度 >16°
按等高线摆放，如图 7-26 所示。

图 7-26　采伐剩余物及修下的枝条横山堆放阻止地表水径流

7.3　硬阔（水胡黄）次生林目标树单株经营模式

7.3.1　适用林分

适用于以培育大径材为主，兼顾水源涵养、水土保持、景观美化等生态服务功能的水曲柳、胡桃楸、黄檗为主的天然次生林。该类型林分主要分布于沟谷地带、溪流两岸山坡等水分充足、排水良好、土壤深厚肥沃的立地条件上，土壤类型为山地草甸土、棕色或暗棕壤森林土等，土层厚度（A+B 层）30cm 以上，林地质量等级为Ⅰ、Ⅱ级。

7.3.2　林分现状

硬阔叶林系指以东北三大硬阔叶树种水曲柳、黄檗、核桃楸等为主要树种组成的群落，主要分布于中山地带、沟谷地带及沟谷之缓坡等。群落中的混生树种常为栎类、紫椴、槐树、榆树等，硬阔叶林在次生演替进程上仍属未稳定阶段。硬阔次生林是在阔叶红松林被破坏后，经过次生演替，逐渐淘汰掉阔叶混交林中的杨、柳、稠李等优势树种而生存下来，形成硬阔叶群落，较阔叶混交林具有一定的稳定性，优势树种明显，特别是胡桃楸，常在沟谷形成小面积的纯林。由于硬阔叶树种材质优良，加之近年来对硬阔叶材需求的增多，目前区域内三大硬阔优质资源破坏严重，特别是大径级林木已很少见。

7.3.3　经营目标

该类型林分是以培育大径材为主兼顾水源涵养、水土保持、景观美化、生物多样性保护及固碳增汇等生态服务功能，采用目标树单株择伐作业法，培育以水曲柳、胡桃楸、黄檗及红松为主的阔叶红松林（图 7-27）。

图 7-27　以天然水曲柳、胡桃楸、黄檗及人工栽植红松为主的复层林

7.3.4 目标林分

培育的目的树种以水曲柳、胡桃楸、黄檗、红松等为主，目标树密度为 120~150 株/hm² （林分密度 220~250 株/hm²），水曲柳、胡桃楸、黄檗目标树直径 45cm+，生长周期 71 年以上；红松直径 50cm+，生长周期 81 年以上；目标蓄积量 250~330m³/hm²。经多次抚育促进水曲柳、胡桃楸、黄檗、红松或其他适生阔叶树和针叶树更新，择伐后培育水曲柳、胡桃楸、黄檗、红松或其他适生阔叶树异龄复层恒续林（图 7-28）。

图 7-28　以天然水曲柳、胡桃楸及人工栽植红松为主的复层林

7.3.5 全周期发育阶段划分和主要经营措施（表 7-3）

表 7-3 全周期发育阶段划分和主要经营措施

发育阶段	年龄（年）	主要经营措施	林相
更新后至郁闭成林前	(0, 6)	苗木高度小于 1m 时保持自然状态，大于 1m 后对丛状萌生木进行定株（每丛 3~4 株，健壮、离地面近者优先保留）、抹芽定干（幼树条直、有主干），必要时进行扩穴（修筑水肥坑）等，4~5 年后再次进行定株（每丛 2~3 株），保留密度 3000~5000 株/hm²，注意保留其他天然更新目的树种	
郁闭后至干材形成期	[6, 10]	定株（每丛 1~2 株），保留密度 2500~3500 株/hm²，割除影响水曲柳、胡桃楸、黄檗生长的非目的树种及灌木、藤本，去除枯死枝和发育粗壮的侧枝，树冠整形（保证形成主干），培育优良干形	
	(10, 20]	种间生长竞争激烈，林分出现分化时，开展透光伐 1 次，树冠修枝整形（树干≥4m）；疏伐 1~2 次，间隔期 3~4 年，伐后保留林分密度 810~950 株/hm²，促进林木生长，培育优良干材	

续表

发育阶段	年龄（年）	主要经营措施	林相
郁闭后至干材形成期	（20，30]	疏伐 1 次，伐后保留林分密度 550~700 株/hm²；对保留木进行修枝（树干≥6m）	
林分蓄积增长及促进更新阶段	（30，50]	林分进入冠下更新阶段。实施疏伐（生长伐）1 次，确定上层水曲柳、胡桃楸、黄檗目标树密度为 120~150 株/hm²（目标树含其他阔叶树，保留林分密度 400~450 株/hm²），对目标树进行修枝（树干≥8m）；林冠下人工补植红松 750~900 株/hm²，及时对更新层进行幼林抚育，注意保留天然更新的水曲柳、胡桃楸、黄檗幼苗（树）	
	（50，70]	当下层更新的幼树生长受抑制时，对上层水曲柳、胡桃楸、黄檗生长伐 1~2 次，最终保留林分密度为 220~330 株/hm²；促进林木个体径向生长，增加林木蓄积，改善林木质量和健康状况，培育形成高品质的水曲柳、胡桃楸、黄檗（部分阔叶树）大径级林木	

续表

发育阶段	年龄（年）	主要经营措施	林相
收获更新、恒续林阶段	>70	对上层林木择伐 2~3 次，每次择伐强度不大于 30%，同时对更新层进行抚育，同一层次针阔株数比例控制在 5∶5 左右，以确保不同层次林木的正常生长。最终保留上层大径级林木 90~100 株/hm²，培育水曲柳、胡桃楸、黄檗、红松或其他适生阔叶树、针叶树异龄复层恒续林	

7.3.6 主要经营措施

①定株：对密度过大、竞争激烈的林分，优先保留实生幼树，对丛状萌生的水曲柳、胡桃楸、黄檗等进行定株采伐（每丛保留 1~3 株），并采伐干形不良、活力差的树木（图 7-29）。

②选择和标记目标树：早期以水曲柳、胡桃楸、黄檗为主，后期以红松、水曲柳、胡桃楸、黄檗等树种为主，选择优势木、生活力强、干形优良的林木。

目标树应选择实生个体（保持生命力和长寿性），萌生的林木原则上不选作目标树；优势木或处于主林层的个体；干形通直圆满，至少应该有 6m 以上优质干材；冠长一般要求至少有 1/4 树高，不能有明显的损伤和病虫害痕迹，特别是在树干的基部不能出现各种因素导致的损伤情况（图 7-30）。

③生长伐：林分密度大于胡桃楸、水曲柳大径材（木）培育相关标准规定的适宜保留株数上限，采取生长伐（疏伐）；林分密度低于胡桃楸、水曲柳大径材（木）培育规定的适宜保留株数下限，采取综合抚育。抚育时按照林木分类确定保留木（采伐木），以定性选择培育目标树为主，定量控制林分密度。按林木分类法确定目标树的株数，目标树尽可能分布均匀，采伐顺序为干扰树、（必

（a）定株抚育前（一）　　　　　　　　　　（b）定株抚育后（一）

（c）定株抚育前（二）　　　　　　　　　　（d）定株抚育后（二）

图 7-29　硬阔（水胡黄）次生林定株抚育前后林相变化

（a）阔叶树的优势木（目标树）　　　　　（b）天然林中红松的优势木（目标树）

图 7-30　针叶树和阔叶树的冠形差异

要时）其他树。保留顺序为目标树、辅助树、其他树。围绕目标树开展抚育，采伐影响目标树生长的干扰树（图 7–31、图 7–32）。

（a）抚育前（一）　　　　　　　　　（b）抚育后（一）

（c）抚育前（二）　　　　　　　　　（d）抚育后（二）

（e）抚育前（三）　　　　　　　　　（f）抚育后（三）

图 7-31　硬阔（水胡黄）次生林抚育前后的林相变化（一）

（a）抚育前（一）　　　　　　　　　　　（b）抚育后（一）

（c）抚育前（二）　　　　　　　　　　　（d）抚育后（二）

（e）抚育前（三）　　　　　　　　　　　（f）抚育后（三）

图 7-32　硬阔（水胡黄）次生林抚育前后的林相变化（二）

④透光伐：主要针对天然更新幼树和补植的目的树种，伐除影响其高生长的非目的树种（图 7-33、图 7-34）。

图 7-33　（霸王树）透光伐后可为周边林木创造生长发育空间

图 7-34　硬阔（水胡黄）次生林透光伐后的林相

⑤补植：对过疏林分及处于竞争生长后期的林分，补植红松等针叶树或水曲柳、胡桃楸、黄檗等阔叶树种，最终培育成稳定的阔叶红松林（图 7-35）。阴坡、半阴坡经过综合抚育的林分，可进行林冠下人工更新红松，栽植密度为 800~1000 株/hm²，即株行距约 3m×3（2）m，栽植点距离目标树≥3m。造林苗

木采用《造林技术规程》（GB/T 15776—2023）规定的 I 级苗，栽植要在土壤春季解冻深度达苗木主根长度、苗木萌动之前进行，栽植时期尽量提前。采用营养杯苗造林可在春季、雨季或秋季进行。栽植方法：开穴直径 30cm，穴深超过苗木主根长 5cm 左右，栽苗要扶正，根系舒展，先填湿的表土至坑深 2/3，轻提苗木后踩实，覆底土，再踩实，最后覆一层虚土，埋土深度至苗木原根际土印以上 1~2cm。补植造林后连续 3~5 年进行割灌除草（水肥坑修筑）抚育，抚育时只割除栽植苗木及潜在目标树（幼苗幼树）周边 1m 左右范围的灌木、杂草及藤本植物，避免全面割灌除草。同时也可根据需要进行培埂、扩穴（水肥坑修筑，规格 30cm × 40cm）。

图 7-35　天然次生林林内补植红松形成阔叶树—人工红松异龄复层林

⑥人工促进天然更新：对天然更新的红松和水曲柳、胡桃楸、黄檗等阔叶树种，采取扩穴、割除或折断影响其生长的灌木和草本等抚育措施。在抚育过程中有目的地保留林内更新的目的树种幼苗（树），特别是水曲柳、胡桃楸、黄檗、朝鲜槐（怀槐）等树种以及栎类等。对林冠下天然更新的幼苗（树），在早期生长中出现顶芽损伤、多头萌蘖等现象的，可采取平茬措施进行复壮；在早期生长中受到邻近灌木或杂草影响的，可采取侧方割灌、松土、除草、除蘖等促进幼苗（树）生长的措施。在条件允许的情况下，根据需要可对潜在的目标树幼苗（树）修筑水肥坑或加筑围栏保护。潜在目标树的株数为目标树株数的 2 倍以上，不足的进行人工补植（种）。

⑦割灌或折灌：只割除栽植树种及潜在目标树（幼苗幼树）周边 1m 左右范围的灌木、杂草及藤本植物，避免全面割灌除草（图 7-36）。同时也可根据需要进行培埂、扩穴（水肥坑修筑，规格 30cm×40cm）。

（a）折灌抚育前　　　　　　　　　　　（b）折灌抚育后

图 7-36　折灌抚育前后对比

⑧修枝：对于针叶树主要是修去枯死枝和树冠下部 1~2 轮活枝。修枝宜在树液停止流动的冬季进行，对选定的目标树（保留木）进行修枝，修枝高度至树冠力枝处（树冠最长枝条处）或树高 2/3 处，最终修枝高度达 6m 以上停止。对于阔叶树幼树主要修除粗大侧枝及多头（主梢），保持顶端优势，培育优良干形（图 7-37、图 7-38）。修枝方法：采用修枝剪（果树剪）、锯（高枝锯）进行修枝，切口截面与树干平行，不留枝桩，切口断面力求最小，避免损伤树皮。

（a）侧枝发育健壮影响干材质量及林下光照　　　　（b）调整密度和修枝可培育良好干形

图 7-37　胡桃楸林密度调整和修枝效果

（a）修枝前　　　　　　　　　　　　　　（b）修枝后

图 7-38　黄檗幼树修枝前后树形变化

⑨采伐剩余物处理：对抚育采伐及修枝修下的枝条等采伐剩余物应平铺在林地上，任其自然腐烂（图 7-39）。对林内有侵蚀沟的应将修下的枝条平铺在侵蚀沟内，以防径流冲蚀林地；或采取窄带状顺山堆放（坡度≥25°时采取横山带状堆放），堆带宽≤1.5m，堆高≤0.5m，带间距≥10m。

（a）剩余物处理前　　　　　　　　　　　（b）剩余物处理后

图 7-39　采伐剩余物处理

7.4 阔叶混交次生林（杂木林）目标树单株经营模式

7.4.1 适用林分

适用于以培育大径材为主，兼顾水源涵养、景观美化等生态服务功能的由械、榆、椴、桦、水曲柳、胡桃楸、黄檗、花曲柳、朝鲜槐、刺楸、稠李、杨树等组成的天然次生林（杂木林）。该类型林分主要分布于土壤肥沃、湿润，具有中等腐殖质层的棕色或暗棕壤森林土等，土层厚度（A+B 层）30cm 以上，林地质量等级为Ⅰ、Ⅱ级。

7.4.2 林分现状

该类型林分主要以椴属、榆属、械属、栎属等阔叶树种为优势种群，各优势树种不明显，常低于30%，也称为杂木林，广泛分布于东北地区东部山地，在次生林中比重较大，仅次于柞木林。阔叶混交林树种繁多，较为复杂，除了械树、椴树、春榆等代表树种外，尚有花曲柳、槐树、稠李、山杨、桦木等。在次生演替进程上属未稳定时期，极易遭受破坏而发生逆行演替。

7.4.3 经营目标

该类型林分是以培育大径材为主兼顾水源涵养、水土保持、景观美化、生物多样性保护及固碳增汇等生态服务功能，采用目标树单株择伐作业法，培育榆、椴、蒙古栎、水曲柳、胡桃楸、黄檗、红松为主的阔叶红松林（图7-40）。

7.4.4 目标林分

培育的目的树种包括械、榆、椴、蒙古栎、水曲柳、胡桃楸、黄檗、花曲柳、朝鲜槐、红松等（图7-41），目标树 150~200 株/hm²（林分密度 220~250 株/hm²），械、榆、椴、蒙古栎、水曲柳、胡桃楸、黄檗、花曲柳、朝鲜槐等阔

图 7-40　天然阔叶树 - 红松组成的异龄复层林

图 7-41　红松阔叶混交林林相

叶树目标直径 40~50cm+，生长周期 61 年以上；红松目标树直径 ≥50cm，生长周期 81 年以上；目标蓄积量 260~350m³/hm²。经多次抚育促进目的适生阔叶树和红松等针叶树更新，择伐后培育形成红松 – 阔叶树异龄复层混交恒续林（恢复阔叶红松林）。

7.4.5 全周期发育阶段划分和主要经营措施（表 7-4）

表 7-4 全周期发育阶段划分和主要经营措施

发育阶段	年龄（年）	主要经营措施	林相
更新后至郁闭成林前	(0，6)	苗木高度小于 1m 时保持自然状态，大于 1m 后对丛状萌生苗木进行定株（每丛 3~4 株，发育健壮、离地面近者优先保留）、抹芽定干（幼树条直、有主干），必要时进行扩穴（修筑水肥坑），4~5 年后再次进行定株（每丛 2~3 株），保留密度 3000~5000 株/hm²，优先保留水曲柳、黄檗等树种幼苗（树）	
郁闭后至干材形成期	[6，10]	定株（每丛 1~2 株），保留密度 2500~3500 株/hm²，割除影响目的树种生长的非目的树种和灌木、藤本，去除枯死枝和发育粗壮的侧枝等，树冠整形（保证形成主干），培育优良干形	

续表

发育阶段	年龄（年）	主要经营措施	林相
郁闭后至干材形成期	（10，20]	种间生长竞争激烈、林分出现分化时，开展 1 次透光伐，树冠修枝整形（树干≥4m）；开展 1~2 次疏伐，间隔期 3~4 年，伐后保留林分密度 810~950 株/hm²，促进林木生长，培育优良干材	
	（20，30]	开展 1 次疏伐，伐后保留林分密度 550~700 株/hm²；对保留木进行修枝（树干≥6m）	
林分蓄积增长及促进更新阶段	（30，50]	林分进入冠下更新阶段。实施 1 次疏伐（生长伐），确定目标树密度为 150~200 株/hm²（林分保留密度 400~450 株/hm²），对目标树进行修枝（树干≥8m）。林冠下人工补植红松 750~900 株/hm²，及时对更新层进行幼林抚育，注意保留天然更新的幼苗（树）	

续表

发育阶段	年龄（年）	主要经营措施	林相
林分蓄积增长及促进更新阶段	（50，80]	当下层更新的幼树生长受抑制时，对上层阔叶树开展1~2次生长伐，最终保留林分密度220~330株/hm²；促进林木个体径向生长，增加林木蓄积，改善林木质量和健康状况，培育形成高品质大径级林木	
收获更新、恒续林阶段	>80	对上层林木开展2~3次择伐，每次择伐强度不大于30%，同时对更新层进行抚育，同一层次针阔株数比例控制在5∶5左右，确保不同层次林木的正常生长。最终保留大径级林木90~100株/hm²，培育红松-阔叶树异龄复层恒续林（红松阔叶林）	

7.4.6 主要经营措施

①定株：对密度过大、竞争激烈的林分，优先保留实生幼树，对丛状幼树进行定株采伐（每丛保留1~3株），并采伐干形不良、活力差的树木（图7-42）。平均胸径<5cm的阔叶树萌生（实生）树丛，均匀保留3000~4000株/hm²，郁闭度不低于0.8；对于树丛更新，一般采伐后视萌芽更新情况，3~4年后每个伐桩（丛）保留3~4个生长健壮的植株，间隔3年后，每个伐桩（丛）保留1~2株，定株抚育后密度控制在3000~6000株/hm²；对于天然下种更新形成的幼林，幼

（a）定株前　　　　　　　　　　　　（b）定株＋修枝后

图 7-42　阔叶混交次生林定株抚育及修枝效果

树平均树高 <1m 的保持自然生长状态，1~2m 的保留 2500~4000 株/hm²，≥2m 的保留 2000 株/hm² 以上。

②选择和标记目标树：早期以椴、榆、椴、蒙古栎、水曲柳、胡桃楸、黄檗等为主，后期以红松、椴、榆、椴、蒙古栎、水曲柳、胡桃楸、黄檗等为主，选择生活力强、干形优良的林木。

③生长伐：围绕目标树开展抚育，采伐影响目标树生长的干扰树。抚育时，上层林木主要伐除干扰树、枯立木、濒死木、病腐木、被压木、弯曲木、多头木、霸王树以及非目的树种和其他妨碍目标树生长的林木（图 7-43）。针叶林中混生的阔叶树尽量保留，对保留木生长发育造成危害的可作为采伐对象，注意保留过伐林中散生的天然更新的红松、云杉、冷杉以及其他珍贵树种。伐后混交林郁闭度不低于 0.6，复层林上层林木郁闭度不低于 0.4；上层林木采伐后需要对下层采取幼林抚育措施，清除影响更新幼树生长的灌木、藤本植物等，促进演替层、更新层生长发育。

④透光伐：主要针对天然更新幼树和补植的目的树种，伐除影响其高生长的非目的树种。主要清除非目的树种以及上层或侧方影响目的树种生长的劣质

（a）抚育前（一）　　　　　　　　　（b）抚育后（一）

（c）抚育前（二）　　　　　　　　　（d）抚育后（二）

图 7-43　阔叶混交次生林抚育前后林相变化

林木、霸王木、大灌木、藤本植物等。对林下伐桩更新的树丛，视每丛萌芽数量，每个伐桩（丛）保留 1~2 个生长健壮的植株，注意保留林分中散生的天然更新的红松、云杉、冷杉以及其他珍贵树种，抚育后郁闭度不低于 0.7。

⑤补植：对过疏林分及处于竞争生长后期的林分，补植红松等针叶树或水曲柳、胡桃楸、黄檗、椴树等阔叶树种，最终转变成长寿命的阔叶红松林（图 7-44）。采取补植抚育措施时，进行局部或全面清理灌木、杂草后，林冠下栽植红松、云杉（冷杉）等耐阴树种，栽植密度为 600~1200 株/hm²，幼林抚育时应注意保留（保护）原生的水曲柳、黄檗等树种的幼苗（树）。

（a）红松补植作业　　　　　　　　　　（b）红松补植 5 年后

图 7-44　阔叶次生林内补植红松

⑥人工促进天然更新：对天然更新的红松和珍贵阔叶树种，采取割除或折断影响其生长的灌木和草本，以及扩穴等抚育措施。对林冠下天然更新的幼苗（树）在早期生长中出现的顶芽损伤、萌蘖等现象，以及邻近灌草竞争影响生长时，可结合实际情况采取平茬复壮、侧方割（折）灌、松土除草、修筑水肥坑（沟）（坑规格：长 40cm×宽 30cm×深 20cm）、除蘖等措施。平茬复壮在幼龄林初期、林木生长停止季节进行，全面割除地上部分，有条件的可采取覆土措施，厚度 5~10cm。根据需要可对潜在培育的目标树幼苗（树）修筑水肥坑或加筑围栏保护。

⑦割灌除草抚育：只割除栽植苗木及潜在目标树幼苗（树）周边 1m 左右范围的灌木、杂草及藤本植物，避免全面割灌除草，也可根据需要进行培埂、扩穴（修筑水肥坑，规格 30cm×40cm）。

⑧修枝：一般情况下，针叶树修去枯死枝和树冠下部 1~2 轮活枝，阔叶树根据需要主要修除影响干形通直发育的粗大枝，特别是幼树阶段通过必要的修枝（抹芽等措施）保持顶端生长优势，培育通直和少节的主干。

⑨采伐剩余物处理：割除物在林内横山水平堆放或置于建群树种根部周围，病虫源清理物运出林外处置（图 7-45）。

（a）林内平铺　　　　　　　　　　（b）堆砌在目标树周围

图 7-45　采伐剩余物处理

7.5　兴安落叶松次生林大径材目标树经营模式

7.5.1　适用林分

兴安落叶松次生林是大兴安岭地区原始天然林经长期高强度采伐、林火干扰等破坏后恢复形成的典型次生林类型之一。该类型林分的树种组成多以同龄兴安落叶松为主，偶见白桦、樟子松、云杉等树种（图 7-46）。因大兴安岭地区土层多数较薄，因此，在适生区内宜选择符合以下立地条件的林分开展大径级目标树培育，而其他林分则不宜进行过度的人为干扰。

——海拔 1000m 以下。

——土壤类型为暗棕壤、棕色针叶林土，土壤厚度 30cm 以上。

——坡度为缓、平坡。

——坡位为中、下坡和谷地。

图 7-46　兴安落叶松次生林林相

7.5.2　林分现状

现有兴安落叶松次生林面对的主要问题是：

①林分质量不高：大兴安岭地区现有兴安落叶松林平均胸径 11.7cm，平均蓄积量仅为 90m³/hm²，低于全国平均水平，更远低于同纬度的林业发达国家水平。

②林分结构简单：现有兴安落叶松次生林主要是遭受重度采伐、林火干扰后形成的，因此多为单一树种的同龄林，林分混交程度较低，林木空间聚集效应明显，大小分化程度不明显（图 7-47）。

③林下更新能力不足：大兴安岭塔河林业局、新林林业局、呼中自然保

图 7-47　郁闭度较低、更新较差的兴安落叶松次生林

护区和呼玛县共 96 块兴安落叶松林，天然更新等级能够达到中等以上的仅占
12%，且目的树种更新株数比例能够超过一半的仅占 60% 左右。因此，开展
调结构、促更新和提质量是当前全面恢复兴安落叶松次生林生态功能的当务
之急。

7.5.3　经营目标

采用目标树单株择伐作业法，以用材为主并兼顾水源涵养和碳汇功能。

7.5.4　目标林分

地带性兴安落叶松林为典型的复层异龄混交林（图 7-48），兴安落叶松占

图 7-48 兴安落叶松林目标林相

六成至八成为宜，其他伴生树种主要有白桦、山杨、云杉等。主要树种目标直径：兴安落叶松、云杉 40cm+，山杨、白桦 35cm+；小径木 17.5~32.5cm，中径木 32.5~52.5cm，大径木 55cm 以上，三者蓄积比例接近 1 : 3 : 6；胸径平均年生长量 0.1cm，目标林分蓄积量≥150m³/hm²；天然更新达到中等及以上水平。

7.5.5 全周期发育阶段

根据全周期经营理念，按照林分优势高将林分发育阶段划分为建群阶段、竞争生长阶段、质量选择阶段、近自然阶段和恒续林阶段。各发育阶段林分特征、优势树高和主要经营措施见表 7-5。各发育阶段典型林相特征如图 7-49 所示。

表7-5 兴安落叶松次生林发育阶段划分

发育阶段	林分特征	优势高（m）	主要措施
建群阶段	天然更新到幼林郁闭的发育阶段	<2	严格管护，避免牲畜破坏，减少对地表的人为扰动；去除影响幼树生长的灌草；如天然更新密度低于1000株/hm², 则应在土层较厚、水分条件较好地段进行目的树种补植
		[2，6）	加强管护，避免牲畜破坏；以割灌抚育为主，在结构单一和过密的特殊情况下可针对长势良好的林木开展定株抚育
竞争生长阶段	林木个体在互利互助的竞争关系下开始快速高生长而导致主林层高度迅速增长的阶段	[6，12）	林分平均郁闭度达0.7以上，目的树种受到上层、侧方非目标树种或霸王树挤压时进行透光伐
质量选择阶段	林木个体竞争关系转化为相互排斥，林木出现显著分化，生活力强的林木占据林冠主林层并进入直径快速增长期，部分竞争中处于劣势的林木开始死亡	[12，16）	林分平均郁闭度达0.7以上，可进行疏伐；林木间出现较明显的个体大小分化时，开始标记目标树和干扰树，伐除干扰树，促进优势个体生长和结实；充分利用自然整枝，如需人工修枝，参照《森林抚育规程》（GB/T 15781—2015）执行；视立地条件每5~10年作业1次
近自然阶段	树高差异变化基本停止，部分天然更新的目标树种幼树进入主林层，部分林木达到目标直径，形成较为明显的异龄复层结构	[16，20]	再次采伐干扰树，使目标树具有自由冠；保持林下层、中间层树木生长条件；林分郁闭度低于0.5的林地，目的树种天然更新等级为中等以下时可进行人工促进天然更新，以形成和保持较大的林木径级差异
恒续林阶段	林分中大部分目标树已达到培育目标，且有较多数量的天然更新林木达到主林层，同时也出现较多其他伴生树种的天然更新幼树，形成了层次丰富的异龄林；此时开始陆续采伐目标树，并着手培育下一代目标树	>20	逐步采伐高利用价值的目标树，保持和优化林分结构，促进优质目标树的继续生长；伐除劣质木，促进天然更新幼树生长，并抚育第二代目标树；采伐后郁闭度不低于0.6

（a）建群阶段

（b）竞争生长阶段

（c）质量选择阶段

（d）近自然阶段

（e）恒续林阶段

图 7-49　兴安落叶松林各发育阶段典型林相

7.5.6　主要经营措施

兴安落叶松次生林大径级目标树经营措施主要包括透光抚育、生长抚育、疏伐抚育、修枝、人工促进更新等。各项经营措施的常规要求详见《大兴安岭森林抚育技术规程》（LY/T 2593—2016），以下仅对本模式技术要点进行说明。

（1）林木分类

根据树木形态、活力等指标将林木划分为目标树、辅助树、干扰树和其他树4类。各类林木具体划分和选择标准如下。

①目标树：指能满足预期经营目标和决定林分发展方向，具有较高培育价值而进行精心培育的林木。同时满足以下4个条件的优良木可选作目标树。

——具有很强生活力，树冠位于林分最上层，叶色浓绿，幼龄期树冠呈宝塔形，中龄期树冠呈长椭圆形或长卵形。

——树干通直圆满且没有两分枝的梢头，横断面较少出现波浪状边缘。

——树冠圆满、匀称，水平方向分布均匀或无明显偏冠；林木冠高比大于0.40；不宜选择严重偏冠及冠高比小于0.3的林木。

——林木健康，无明显损伤或病虫害痕迹。

②辅助树：也称生态目标树，是指有利于提高森林生物多样性、保护濒危和珍稀物种、改善森林空间结构、保护和改良土壤等功能的林木。满足以下条件之一的林木，可选作生态目标树。

——能够改变林分单一树种结构现状，增加生物多样性。

——能为鸟类或其他动物提供栖息场所。

——国家或地方发布的濒危树种和当地稀有树种（表7-6）。

——能够改善森林结构，保护和改良土壤。

——可作为非木质资源用途的林木。

③干扰树：对目标树生长产生直接不利影响，通常导致目标树发生自然整枝或偏冠的林木。这些林木有时也具有较强的生活力，但形质较差，如低分杈、粗分枝、干形不通直等现象，需要尽早伐除。将树冠已经或估计经营间隔期内

表7-6　大兴安岭主要濒危树种和稀有树种名录

序号	保护等级	植物名称	学名	科	属	形态特性	生长环境
1	国家Ⅱ级	水曲柳	*Fraxinus mandschurica*	木樨科	白蜡属	落叶乔木	生于天然次生林，河边溪流旁
2	国家Ⅱ级	紫椴	*Tilia amurensis*	椴树科	椴树属	乔木；高达30m；胸径达1m	生于山坡，针阔混交林及阔叶杂木林中
3	国家Ⅱ级	黄檗	*Phellodendron amurense*	芸香科	黄檗属	落叶乔木；高达30m；胸径达1m	生于土层深厚、湿润、排水良好的肥沃土壤
4	受威胁物种	樟子松	*Pinus sylvestris var. mongolica*	松科	松属	中生乔木；高达25m；胸径达80cm	耐寒，耐干旱，深根性，生于阳坡或较干旱的石砾沙土地区
5	受威胁物种	西伯利亚红松	*Pinus sibirica*	松科	松属	乔木；高达35m；胸径达1.8m	耐阴性较强，能在干燥沙地、沼泽地生长
6	受威胁物种	鱼鳞云杉	*Picea jezoensis var. microsperma*	松科	云杉属	乔木；高达50m；胸径达1.5m	耐阴树种，多生于山坡中腹以上；浅根性，易风倒
7	受威胁物种	红皮云杉	*Picea koraiensis*	松科	云杉属	乔木；高达30m；胸径达80cm	稍耐阴树种，生于河岸、沟谷或溪旁流溪

会与目标树树冠发生相交的林木标记为干扰树，并做临时标记，同时还应考虑以下情况。

——山坡林分，优先选择目标树上方影响目标树生长的林木作为干扰树。

——在目标树两侧，树冠发育旺盛、侧枝发达、生活力较强的林木，虽然其树冠暂未与目标树相交，但可能在5~10年内出现影响目标树生长的林木。

——距目标树很近，但树冠处于目标树下方，并没有影响目标树的生长，不宜作为干扰树。

④其他树：除上述3类以外的其余树木。

（2）目标树现地选择和标记

①选择起始期：林分发育处于质量选择阶段，径级分化明显，达到以下条件之一时开始选择目标树。

——优势木树高达到终高的2/3或当前胸径达到目标胸径的1/3左右时进行选择；最大不宜超过目标胸径的1/2（表7-7）。

——优势木胸径连年增长明显下降。

——混交林中非目的树种明显压制兴安落叶松优势木，致使兴安落叶松树冠上方或侧方被压，出现明显偏冠。

②目标树株数控制：

——目标树密度为120~200株/hm²；特殊目标树数量根据具体林况及经营

表7-7 兴安落叶松不同培育胸径的选择起始期

目标胸径（cm）	选择起始期	
	胸径（cm）	树高（m）
40	13	16.5
45	15	17.4
50	16	17.9
55	18	18.4
60	20	18.9

目标而定。

——相邻目标树间距按目标胸径 20~25 倍控制；若由于目标树质量要求而无法实现均匀分布时，也可选择目标树群团，群团内目标树最多不超过3 株。

——目标树株数的准确控制，可参照以下方法：

a. 半亩小样圆控制法。根据设定的每公顷目标树株数，将其折算成半亩面积应有的目标树株数后，在以水平距离 10.3m 为半径的视场内选出数量相当、生长最好的优良木作为目标树（图 7-50）。具体按表 7-8 操作。

b. 平均面积控制法。根据设定的每公顷目标树株数，计算出每株目标树平均覆盖面积，以等面积的正方形视场为控制范围，每视场内只选一株符合条件的优良木标记为目标树。

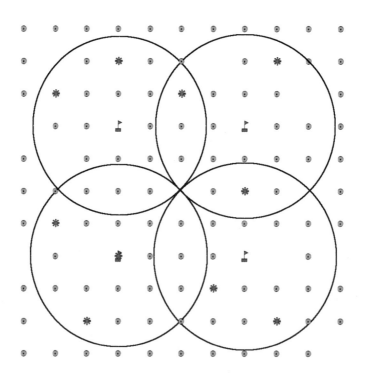

❋ 目标树　◉ 其他树　⚑ 圆心点

图 7-50　半亩小样圆作业法示意

表 7-8 半亩小样圆目标树现场选树方法

项目	方法
工具及材料	激光测距仪或超声波测距仪 1 台、胸径尺 1 把、油漆及刷子（或其他材料）等若干
施工人员	2 人/组
选树作业（以半亩小样圆内 3 株目标树为例） 样圆内作业	● 进入林分开始工作前，先选出 1 株符合要求的目标树作为起点，并以此为圆心，以水平距离 10.3m 为半径绕视一周，即确定面积为 333m^2（即 0.5 亩）的圆形视场（简称样圆） ● 工作人员 1 站立到圆心，绕视 360° 寻找其余目标树，找到后指挥工作人员 2 到初选树附近，根据目标树选择标准最终确认目标树并进行标记 ● 样圆半径可采用测距仪（激光测距仪、超声波测距仪）或目测方法估算（经训练后达到精度标准的人员），样圆面积精度达到 95% 以上为合格
样圆间作业	● 在作业小班或林分中，完成第一个样圆的选树作业后，工作人员 1 进入下一个样圆并找到其圆心，相邻圆心间的平均距离为 $\sqrt{10000/N}$（N 为目标树密度）；按上述方法继续进行选树作业 ● 小样圆间应有相当面积的交集，原则上不应出现无样圆覆盖的区域 ● 样圆作业方向可从下至上、从左至右，按"之"字形在林分中进行样圆选树 ● 在样圆间行走过程中，应随时选点对初选木及其株数密度进行目测检视，在确认所在样圆内目标树达到 3 株后移动到下一个小样圆作业区进行操作

——选择目标树时不宜过分追求目标树在林分空间的均匀性，原则上优先选择最好的优良木作为目标树。在林分优良木较少的情况下，一些距离较近的两株优良木，甚至两株相邻优良木可同时入选目标树。

③目标树标记：

——现场选树作业中，每选出一株目标树当即用色彩醒目的绳索绑扎树木的胸高部位作为临时标记。

——完成目标树选择作业并经技术人员检查验收合格后，对有临时标记的目标树，使用油漆或其他材料做永久固定标记。目标树的标记应以从树木各个方位均能看见为准，标记物能保持 10 年以上为佳。

④检查验收：

——抽样单元及数量：以小班或连片林分为检查单位，采取半亩小样圆检查法，以样圆内目标树单株判别准确度及株数准确度为主要指标。面积小于 10hm^2 的小班或林分，至少均匀抽取 10 个代表性的检查样圆；面积 10hm^2 以上的小班或林分，每公顷增加 1 个样圆。

——合格单株标准：所选的目标树满足前述所有 4 个条件及标记明显的为合格单株；有 1 项及以上条件不满足的或标记不明显的为不合格单株。

——合格样圆标准：需具备单株合格和株数密度合格两个条件。合格样圆即为样圆内所选目标树全部达到设计要求，或最多只有 1 株不合格单株的样圆，否则为不合格样圆；株数合格样圆即为选出目标树的株数等同于设计株数，或株数与设计株数相差不超过 1 株的样圆。

（3）干扰树伐除

①采伐强度：每次干扰树采伐株数一般为目标树株数的 2~3 倍，质量选择阶段干扰树数量较多，近自然阶段干扰树的数量较少，以采伐后 10 年内目标树不产生新的自然整枝为宜；伐后密度按表 7–9 和表 7–10 所示方法执行。

②间隔期：干扰树选择及伐除的间隔期因不同地区、立地条件和林分生长状况而有所不同。一般为 10 年，综合条件较好的小班或林分可缩短至 5 年。

（4）目标树修枝

①修枝时间：在确定目标树，即完成首次干扰树标记与伐除时进行。修枝季节宜在晚秋至早春进行，即兴安落叶松开始发芽时进行修枝。

②修枝要求：修枝强度以中度修枝为宜，即保留力枝及其以上的全部侧枝，其余全部修去。修枝高度不得大于树高的 1/2，枝桩尽量修平，剪口不能伤害树干的韧皮部和木质部。

（5）更新促进和保护

对林下长势较好且上层竞争压力较小的更新幼苗和幼树应注意保持和维护其良好的生长环境（图7-51）。

表7-9 兴安落叶松林合理密度确定方法

示例	合理密度确定方法		
	各树种理论密度	林分整体理论密度	经营强度（补植或采伐）
示例1：某地区兴安落叶松天然林的树种组成为8落1樟1白，林分平均胸径9.45cm，平均树高11.03m，密度2020株/hm²	林分中兴安落叶松、白桦和樟子松的平均胸径分别为9.3cm、8.5cm和11.5cm，根据表7-10中林木冠幅和密度的对应关系，可知各树种对应的理论密度分别为1732株/hm²、2129株/hm²和2384株/hm²	兴安落叶松组成系数×兴安落叶松理论密度+白桦组成系数×白桦理论密度+樟子松组成系数×樟子松理论密度，因此该林分的合理密度为：0.8×1732+0.1×2129+0.1×2384=1837（株/hm²）	从传统森林抚育角度出发，可利用现实林分密度和合理林分密度来确定抚育强度，即抚育强度=（1−理论林分密度/现实林分密度）×100%=9.1%
示例2：某地区兴安落叶松林树种组成为6落4白，平均胸径12.4cm，平均树高13.3m，密度1395株/hm²	林分中兴安落叶松、白桦的平均胸径分别为12.3cm和12.4cm，根据表7-10中林木冠幅和密度的对应关系，可知各树种对应的理论密度分别为1457株/hm²和1319株/hm²	兴安落叶松组成系数×兴安落叶松理论密度+白桦组成系数×白桦理论密度，因此该林分的合理密度为：0.6×1457+0.4×1319=1401（株/hm²）	因现实林分密度低于合理林分保留密度，但两者差异不大（0.4%），因此可以不开展补植作业，但可视情况维护林下更新

表 7-10　兴安落叶松林内主要树种冠幅和理论株数密度

胸径（cm）	兴安落叶松		白桦		樟子松	
	冠幅（m）	密度（株/hm²）	冠幅（m）	密度（株/hm²）	冠幅（m）	密度（株/hm²）
6	1.16	2362	1.11	2598	0.76	5569
8	1.25	2038	1.22	2129	0.89	4055
10	1.36	1732	1.37	1692	1.02	3065
12	1.48	1457	1.55	1319	1.16	2384
14	1.62	1217	1.77	1019	1.30	1898
16	1.77	1012	2.02	784	1.44	1540
18	1.95	840	2.30	605	1.58	1269
20	2.14	697	2.61	468	1.73	1060
22	2.34	580	2.95	365	1.89	896
24	2.57	483	3.33	287	2.04	764
26	2.81	404	3.74	227	2.20	658
28	3.06	339	4.19	182	2.36	571
30	3.34	286	4.66	146	2.53	499
32	3.63	242	5.17	119	2.70	438
34	3.94	206	5.72	97	2.87	387
36	4.26	175	6.29	80	3.04	344
38	4.60	150	6.90	67	3.22	307
40	4.96	130	7.54	56	3.40	275

（a）清除影响幼树生长的杂灌　　　　　　　（b）更新幼树的生长监测

图 7-51　兴安落叶松林下更新生长环境维护

8 华北地区

8.1 栎类天然次生乔林目标树单株经营模式

8.1.1 适用林分

栎类天然次生乔林是华北地区阔叶混交林经皆伐、高强度采伐和火烧等破坏后恢复形成的主要次生林类型之一，是阔叶混交林次生演替系列中的重要阶段。该类型林分的树种组成以栓皮栎、麻栎、槲栎、槲树、辽东栎等实生栎类树种为主，根据采伐强度和演替程度的不同，还有山杨、白桦、椴树、五角枫等树种。

8.1.2 林分现状

栎类天然次生乔林主要分布在太行山南端、中条山一带，主要树种有栓皮栎、麻栎、槲栎、槲树、辽东栎等实生栎类，包括栎类纯林，多个栎类树种的混交林，或以栎类树种为主与椴树类、槭树类等其他阔叶树种组成的阔叶混交林。栎类天然次生乔林近自然程度和演替程度较高，森林生态系统较稳定。可以将栎类树种作为目的树种进行培育，能获得较好的生态效益和经济效益。

8.1.3 经营目标

栎类天然次生乔林的经营目标是以用材林培育为主兼顾生物多样性保护及碳汇功能，采用目标树单株（或群团状）择伐作业法。

8.1.4 目标林分

栎类天然次生乔林是以栎类为主的纯林或阔叶混交林，目标林分为栎类阔叶混交林，复层异龄，栎类占五成以上，伴生阔叶树有椴树类、槭树类等其他阔叶树种（图 8-1、图 8-2）。主要树种目标直径：栎类树种 50cm+，椴树 35~60cm+，目标蓄积量 220~300m³/hm²。天然更新为中等以上。

图 8-1　辽东栎天然次生乔林林相

图 8-2　栎类天然次生乔林目标林相

8.1.5　全周期发育阶段划分和主要经营措施（表 8-1）

表 8-1　全周期发育阶段划分和主要经营措施

发育阶段	年龄（年）	主要经营措施
建群阶段（更新后至郁闭成林前）	（0，10］	当幼苗（树）株数达不到《造林技术规程》（GB/T 15776—2023）要求时，应补植适合对应立地条件的栎类目的树种；对天然更新幼树必要时采取扩穴等人工促进措施，以促进林分尽快郁闭
竞争生长阶段（郁闭后至干材形成期）	（10，30］	种间生长竞争激烈、林分出现明显分化时，开展 1 次透光伐；对下层天然更新的目的树种采取人工促进措施；对树高大于 2.5m 的一丛多株林木进行定株（每丛 3~4 株，健壮、干形直者优先保留）
质量选择阶段	（30，60］	持续对下层天然更新的目的树种采取人工促进措施；对林中空地、林窗或林木稀疏的地段补植目的树种；抚育间隔期一般在 5 年以上；选择目标树，密度控制在 150~200 株/hm^2；开展生长伐，伐除干扰树
近自然阶段	（60，100］	对栎类目标树开展生长伐，促进径向生长；对下层天然更新的阔叶树等目的树种实施人工促进天然更新和透光伐，并视情况补植目的树种
恒续林阶段	>100	采伐达到目标胸径的栎类；目的树种进入主林层，并部分占据上层；选择更新形成的二代目标树，形成栎类混交林

8.1.6　主要经营措施

①定株：对密度过大、竞争激烈的林分，采伐丛生栎类中干形不良、生活力差的林木。

②选择和标记目标树：以栎类为主，选择生活力强、干形优良的林木。

③生长伐：围绕目标树开展抚育，采伐影响目标树生长的干扰树。

④透光伐：主要针对天然更新幼树和补植的目的树种，伐除影响其高生长的非目的树种。

⑤补植：对过疏林分及处于竞争生长后期的林分，补植阔叶树种，最终培育成稳定的栎类阔叶林。

⑥人工促进天然更新：对天然更新的栎类和珍贵阔叶树种，采取扩穴、割除或折断影响其生长的灌木和草本的抚育措施。

⑦割灌或折灌：主要针对天然更新幼树和补植的目的树种，在这些幼苗（树）生长受到灌木影响时，采用割灌或折灌的方式控制灌木生长。

⑧修枝：主要针对目标树进行，修去枯死枝和树冠下部1~2轮活枝。

⑨采伐剩余物处理：有条件时将可利用的采伐剩余物运出利用，对不可利用的采伐剩余物按一定间距均匀堆放在林内或堆放于目标树根部。坡度较大情况下，可在目标树根部做反坡向的水肥坑（鱼鳞坑），并将采伐剩余物适当切碎堆埋于坑内。

8.2 栎类天然次生中林目标树单株经营模式

8.2.1 适用林分

栎类天然次生中林是华北地区阔叶混交林经皆伐、高强度采伐和火烧等破坏后恢复形成的主要次生林类型之一，是阔叶混交林次生演替过程中存在一定退化现象的阶段（图8-3）。该类型林分的树种组成以辽东栎、蒙古栎、栓皮栎等栎类为主，根据采伐强度和演替程度的不同，还可能有山杨、白桦、五角槭等树种。

8.2.2 林分现状

栎类天然次生中林在太行山、吕梁山等许多地方都有分布，主要树种有辽东栎、蒙古栎、栓皮栎等栎类，包括由实生和萌生栎类树种组成的栎类纯林或混交林，或以实生和萌生栎类树种为主，与杨桦类等其他阔叶树种组成的阔叶

图 8-3　辽乐栎次生中林林相

混交林。栎类天然次生中林近自然程度一般，演替程度中等，森林生态系统不太稳定，属于中等程度的退化林。以其中的实生栎类树种为目的树种，通过抚育等形式可以逐渐将其培育为栎类乔林或混交乔林。

8.2.3　经营目标

栎类天然次生中林的经营目标是以水源涵养和碳汇功能为主，兼顾用材林培育，采用目标树单株择伐作业法。

8.2.4　目标林分

栎类天然次生中林是以栎类为主的纯林或阔叶混交林，目标林分为栎类阔叶混交林，复层异龄，栎类占五成以上，伴生阔叶树有椴树类、槭树类等其他阔叶树种。主要树种目标直径：栎类树种 40cm+，椴树 35~40cm+，目标蓄积量 180~240m³/hm²。天然更新为中等以上。

8.2.5　全周期发育阶段划分和主要经营措施（表 8-2）

表 8-2　全周期发育阶段划分和主要经营措施

发育阶段	年龄（年）	主要经营措施
建群阶段 （更新后至郁闭 成林前）	（0，10]	当实生幼苗（树）株数达不到《造林技术规程》（GB/T 15776—2023）要求时，应补植适合对应立地条件的栎类及其他目的树种；对天然更新幼树必要时采取扩穴等人工促进措施，以促进林分尽快郁闭
竞争生长阶段 （郁闭后至干材 形成期）	（10，30]	种间生长竞争激烈、林分出现明显分化时，开展 1 次透光伐；对下层天然更新的实生栎类及其他目的树种采取人工促进措施；对树高大于 2.5m 的一株多丛林木进行定株（每丛 3~4 株，实生、健壮、干形直者优先保留）
质量选择阶段	（30，60]	持续对下层天然更新的实生栎类及其他目的树种采取人工促进措施；对林中空地、林窗或林木稀疏的地段补植栎类及其他目的树种；抚育间隔期一般在 5 年以上；在实生栎类及其他目的树种中选择目标树，密度控制在 150~200 株/hm²，开展生长伐，伐除干扰树
近自然阶段	（60，100]	对栎类目标树开展生长伐，伐除干扰树，促进径向生长；对下层天然更新的栎类及其他珍贵阔叶树等目的树种实施人工促进天然更新和透光伐，并视情况补植目的树种
恒续林阶段	>100	采伐达到目标胸径的栎类及其他目的树种；下层目的树种进入主林层并部分占据上层；选择更新形成的二代目标树，形成栎类混交林

8.2.6　主要经营措施

主要经营措施包括定株、选择和标记目标树、生长伐、透光伐、补植、人工促进天然更新、割灌或折灌、修枝、采伐剩余物处理，具体措施同 8.1.6。

8.3　松栎混交天然次生乔林目标树单株经营模式

8.3.1　适用林分

　　松栎混交天然次生乔林是华北地区松栎混交林经皆伐、高强度采伐和火烧等破坏后恢复形成的主要次生林类型之一，是松栎混交林次生演替系列的重要阶段。该林分类型的树种组成为栓皮栎、麻栎、槲栎、槲树、辽东栎、蒙古栎等实生栎类树种，以及混交的油松、华山松等松树类针叶树种，根据采伐强度和演替程度的不同，还可能有椴树、槭树等树种。

8.3.2　林分现状

　　松栎混交天然次生乔林主要分布在太行山南端、中条山一带，在太行山、吕梁山的偏远山区也少有分布，主要树种有栓皮栎、麻栎、槲栎、槲树、辽东栎等实生栎类树种，以及混交的华山松、油松等针叶树种，包括栎类树种为主要树种、松类树种为次要树种的林分，以及松类树种为主要树种、栎类树种为次要树种的林分。松栎混交天然次生林近自然程度和演替程度较高，森林生态系统较稳定（图8-4）。可以将栎类树种或松类树种作为目的树种进行培育，以获得较好的生态效益和经济效益。

图 8-4　松栎混交天然次生乔林林相

8.3.3 经营目标

松栎混交天然次生乔林的经营目标是以用材林培育为主，兼顾生物多样性保护和碳汇功能，采用目标树单株择伐作业法。

8.3.4 目标林分

松栎混交天然次生乔林的目标林分为松栎针阔混交林，复层异龄，伴生阔叶树有椴树类、槭树类等其他阔叶树种，主要树种目标直径：栎类树种 50cm+，松类树种 40cm+，目标蓄积量 220~300m³/hm²。天然更新为中等以上。

8.3.5 全周期发育阶段划分和主要经营措施（表 8-3）

表 8-3 全周期发育阶段划分和主要经营措施

发育阶段	年龄（年）	主要经营措施
建群阶段（更新后至郁闭成林前）	（0，10]	当幼苗（树）株数达不到《造林技术规程》(GB/T 15776—2023)要求时，根据现有林分树种比例，结合目标林相树种组成，补植适合对应立地条件的栎类、松类目的树种；对天然更新幼树必要时采取扩穴等人工促进措施，以促进林分尽快郁闭
竞争生长阶段（郁闭后至干材形成期）	（10，30]	种间生长竞争激烈、林分出现明显分化时，开展 1 次透光伐；对下层天然更新的目的树种采取人工促进措施；对树高大于 2.5m 的一株多丛林木进行定株（每丛 3~4 株，健壮、干形直者优先保留）
质量选择阶段	（30，60]	持续对下层天然更新的目的树种采取人工促进措施；对林中空地、林窗或林木稀疏的地段补植目的树种；抚育间隔期一般在 5 年以上；选择目标树，密度控制在 150~200 株/hm²，开展生长伐，伐除干扰树
近自然阶段	（60，100]	对栎类、松类目标树开展生长伐，促进径向生长；对下层天然更新的目的树种实施人工促进天然更新和透光伐，并视情况补植目的树种

续表

发育阶段	年龄（年）	主要经营措施
恒续林阶段	>100	采伐达到目标胸径的栎类、松类；目的树种进入主林层并部分占据上层；选择更新形成的二代目标树，形成松栎混交林

8.3.6　主要经营措施

主要经营措施包括定株、选择和标记目标树、生长伐、透光伐、补植、人工促进天然更新、割灌或折灌、修枝、采伐剩余物处理，具体措施同 8.1.6。

8.4　松栎混交天然次生中林目标树单株经营模式

8.4.1　适用林分

松栎混交天然次生中林是华北地区松栎混交林经皆伐、高强度采伐和火烧等破坏后恢复形成的主要次生林类型之一，是松栎混交林次生演替过程中存在一定退化现象的阶段（图 8-5）。该类型林分的树种组成为辽东栎、蒙古栎、栓皮栎等实生和萌生栎类树种，以及混交的油松、华山松等针叶树种，根据采伐强度和演替程度的不同，还可能有山杨、白桦、五角槭等树种。

8.4.2　林分现状

松栎混交天然次生中林在太行山、吕梁山等许多地区都有分布，主要树种有辽东栎、蒙古栎、栓皮栎等实生和萌生栎类树种，以及混交的油松、白皮松、华北落叶松等针叶树种，包括实生和萌生的栎类树种为主要树种、松类树种为次要树种的林分，以及松类树种为主要树种、实生和萌生栎类树种为次要树种的林分，有时还有山杨、白桦、五角槭等伴生树种。松栎天然次生中林近自然程度一般，演替程度中等，森林生态系统不太稳定，属于中等程度的退化林。

图 8-5　松栎混交天然次生中林林相

以其中的实生栎类树种或松类树种为目的树种，通过抚育等形式可以逐渐将其培育为栎类乔林或松栎混交乔林。

8.4.3　经营目标

以水源涵养及碳汇功能为主，兼顾用材林培育，采用目标树单株择伐作业法。

8.4.4　目标林分

目标林分为松栎针阔混交林，复层异龄，伴生树种有山杨、白桦、五角槭等其他树种。主要树种目标直径：栎类树种 40cm+，松类树种 40cm+，目标蓄积量 180~240m³/hm²。天然更新为中等以上。

8.4.5　全周期发育阶段划分和主要经营措施（表 8-4）

表 8-4　全周期发育阶段划分和主要经营措施

发育阶段	年龄（年）	主要经营措施
建群阶段 （更新后至郁闭成林前）	（0，10］	当实生幼苗（树）株数达不到《造林技术规程》（GB/T 15776—2023）要求时，根据现有林分树种比例，结合目标林相树种组成，补植适合对应立地条件的栎类、松类及其他目的树种；必要时对天然更新幼树采取扩穴等人工促进措施，以促进林分尽快郁闭
竞 争 生 长 阶 段 （郁闭后至干材形成期）	（10，30］	种间生长竞争激烈、林分出现明显分化时，开展 1 次透光伐；对下层天然更新的实生栎类及其他目的树种采取人工促进措施；对树高大于 2.5m 的一株多丛林木进行定株（每丛 3~4 株，实生、健壮、干形直者优先保留）
质量选择阶段	（30，60］	持续对下层天然更新的实生栎类及其他目的树种采取人工促进措施；对林中空地、林窗或林木稀疏的地段补植栎类、松类及其他目的树种；抚育间隔期一般在 5 年以上；在实生栎类及其他目的树种中选择目标树，密度控制在 150~200 株/hm²，开展生长伐，伐除干扰树
近自然阶段	（60，100］	对栎类目标树开展生长伐，伐除干扰树，促进径向生长；对下层天然更新的栎类、松类及其他阔叶树等目的树种实施人工促进天然更新和透光伐，并视情况补植目的树种
恒续林阶段	>100	采伐达到目标胸径的栎类、松类及其他目的树种；下层目的树种进入主林层，并部分占据上层；选择更新形成的二代目标树，形成松栎混交林

8.4.6　主要经营措施

主要经营措施包括定株、选择和标记目标树、生长伐、透光伐、补植、人工促进天然更新、割灌或折灌、修枝、采伐剩余物处理，具体措施同 8.1.6。

8.5 油松天然次生林目标树单株经营模式

8.5.1 适用林分

油松天然次生林是松栎混交林等经皆伐、高强度采伐和火烧等破坏后恢复形成的主要次生林类型之一，是松栎混交林次生演替系列的重要阶段。树种组成以油松为主，根据采伐强度和演替程度的不同，还可能有栎类、山杨、白桦等树种。

8.5.2 林分现状

油松天然次生林主要分布在华北大部分山区，主要树种为油松，有时有少量栎类、山杨、白桦、椴树、槭树等树种。油松天然次生林近自然程度一般，演替程度中等，森林生态系统基本稳定（图 8-6）。可以将油松作为目的树种进

图 8-6　油松天然次生林林相

行培育，能获得较好的生态效益和经济效益。

8.5.3 经营目标

油松天然次生林的经营目标是以用材林培育为主，兼顾水源涵养及其他生态功能，采用目标树单株（或群团状）择伐作业法。

8.5.4 目标林分

油松天然次生林是以油松为主的纯林或有少量阔叶树混交，目标林分为松栎混交林，复层异龄，油松占五成以上，栎类占二成以上，伴生阔叶树有山杨、白桦、椴树类、槭树类等阔叶树种（图 8-7）。主要树种目标直径：油松 40cm+，栎类树种 35~50cm+，目标蓄积量 220~300m³/hm²。天然更新为中等以上。

（a）近景 　　　　　　　　　　　　　　（b）远景

图 8-7 油松天然次生林目标林相

8.5.5　全周期发育阶段划分和主要经营措施（表 8-5）

表 8-5　全周期发育阶段划分和主要经营措施

发育阶段	年龄（年）	主要经营措施
建群阶段 （更新后至郁闭成林前）	（0，10］	当幼苗（树）株数达不到《造林技术规程》（GB/T 15776—2023）要求时，应补植适合对应立地条件的栎类等阔叶目的树种；必要时对天然更新幼树采取扩穴等人工促进措施，以促进林分尽快郁闭
竞争生长阶段（郁闭后至干材形成期）	（10，30］	种间生长竞争激烈、林分出现明显分化时，开展 1 次透光伐；对下层天然更新的目的树种采取人工促进措施；对树高大于 2.5m 的一株多丛林木进行定株（健壮、干形直者优先保留）
质量选择阶段	（30，60］	持续对下层天然更新的油松及其他目的树种采取人工促进措施；对林中空地、林窗或林木稀疏的地段补植栎类等阔叶目的树种；抚育间隔期一般在 5 年以上；选择目标树，密度控制在 150~200 株/hm²；开展生长伐，伐除干扰树
近自然阶段	（60，100］	对油松目标树开展生长伐，促进径向生长；对下层天然更新的油松及其他目的树种实施人工促进天然更新和透光伐，并视情况补植栎类等阔叶目的树种
恒续林阶段	>100	采伐达到目标胸径的油松；目的树种进入主林层，并部分占据上层；选择更新形成的二代目标树，形成松栎混交林

8.5.6　主要经营措施

主要经营措施包括定株、选择和标记目标树、生长伐、透光伐、补植、人工促进天然更新、割灌或折灌、修枝、采伐剩余物处理，具体措施同 8.1.6。

8.6 杨桦天然次生林目标树单株经营模式

8.6.1 适用林分

山杨、桦木属于温带和寒温带树种，是华北地区阔叶落叶林及针叶阔叶混交林中的常见树种。杨桦林在华北山地一般垂直分布在海拔 500~2000m。山地森林植被由低山丘陵到亚高山森林依次分布着杨桦等暖温带落叶阔叶林、温带针（落叶松、云杉、樟子松、油松）阔（山杨、桦木）混交林。

该经营模式主要适用于《全国重要生态系统保护和修复重大工程总体规划（2021—2035 年）》中的北方防沙带和黄河重点生态区杨桦次生林分布区。从自然地理分布看，主要适用于恒山、中条山、吕梁山、太行山、燕山、阴山山地和华北其他低山丘陵区，以及内蒙古高原等杨桦天然次生林分布区。

8.6.2 林分现状

由于自然地理带分布特征、受干扰程度、杨桦林发育阶段等因素的差异，导致杨桦天然次生林林分状况存在较大差异。分布在温带针阔混交林区的杨桦次生林是经多种因素反复破坏后形成的，存在的主要问题包括：一是杨桦次生林纯林多，萌生等无性繁殖起源的林分比例高，林分早期生长速率比较快，但衰退早，病腐率也比较高，特别是多代萌生杨桦林比例大，林木分化严重。二是进展演替过程缓慢，原生群落的落叶松、云杉、樟子松和油松等主要优势树种种源缺乏或种群密度很低，林分密度大，不利于乡土针叶树种天然更新，很难通过自然力恢复和重建原生群落，自然形成结构较好的森林群落时间漫长。落叶松、云杉、樟子松和油松等稳定的地带性目的树种种源不足。三是经营中长期缺乏明确的森林经营目标和必要的森林经营活动，杨桦天然次生林难以快速进展演替，难以自然形成健康稳定、优质高效的森林生态系统。

8.6.3　经营目标

提高林分稳定性和生产力，发挥森林保持水土、防风固沙，保护动植物栖息地、固碳增汇等生态服务功能，实现以森林康养等为主导的森林多功能经营目标。

8.6.4　目标林分

针阔混交林，阔叶树种以杨、桦、栎、花楸、槭、椴、山荆子等为主，针叶树种以华北落叶松、油松、云杉、樟子松为主，不同海拔、不同区域树种组成存在差别（图8-8）。阔叶树种目标直径35cm+，针叶树种目标直径40cm+，目标蓄积量180–240m³/hm²。

图8-8　地带性针（华北落叶松、云杉）阔（白桦）异龄混交复层林

在其他杨桦等落叶阔叶林分布区，目标林分为由白桦、紫椴、水曲柳、胡桃楸、白榆、蒙古栎、辽东栎等树种组成的温带落叶阔叶混交林（图8-9）。

图 8-9　温带落叶阔叶异龄混交复层林

8.6.5　全周期经营计划和主要技术要求

（1）全周期经营计划

按照全周期经营计划要求，为发挥杨桦次生林多种功能和价值，充分考虑山杨、白桦的生长发育特征，及与其他树种的混交特点，提出如下全周期经营计划（表 8-6）。

表 8-6　杨桦天然次生林目标树单株经营全周期经营计划

发育阶段	树高（m）	主要经营措施
造林、幼林形成或林分建群阶段	≤2.5	该阶段以白桦、山杨为主要树种，避免人畜干扰和破坏，一般情况下不作任何抚育，但需要严格保护
	（2.5，6）	过密的情况下对部分萌生林木间伐抚育，抚育方式可采取以挖代抚；进行割灌、除草为主的侧方抚育；保留足够比例的混交树种

续表

发育阶段	树高（m）	主要经营措施
竞争生长阶段（幼林至杆材林的郁闭林分）	[6，10]	核心目标是通过抚育促进优势个体快速生长。持续抚育，将目标树的密度控制在 600 株/hm² 左右；抚育生态伴生林木，对优势木层进行强度抚育伐，以促进混交树种生长
质量选择阶段（杆材林）	(10，15]	核心目标是通过采伐干扰树促进优势个体生长和结实，提高混交树种质量。目标树和目标树群的再次检验和淘汰，林分密度维持在 450 株/hm² 左右；抚育过程中注意保护林下更新的针叶树种和灌木，如天然更新较差，可适当人工引入针叶树种；在幼树层选择第二代目标树
目标树生长阶段（乔木林，中径—大径）	(15，20]	核心目标是通过抚育促进优势木个体生长，提高林下幼树和混交树种的数量和质量。将目标树的密度控制在 300 株/hm² 左右；每株目标树周围选择和伐除 1~2 株干扰木的上层抚育伐，一般情况下通过抚育使目标树保持自由树冠，以促进径向生长（材积生长）；下层针叶树种逐渐向主林层靠拢，针阔混交初步形成
目标树收获阶段（大径乔木林）	>20	核心目标是维护和保持次生林生态服务功能并生产高品质木材，持续培育二代目标树。对未达到目标直径的一代目标树持续抚育，使其保持自由树冠，目标树密度可在 150 株/hm² 左右；达到目标直径要以单株择伐的方式进行主伐；对次生林的二代目标树进行选择、标记，采取下层抚育的方式促进次生林二代目标树的生长。保护和促进林内针叶树种的生长，促进林分针阔混交结构的形成

（2）主要技术要求

杨桦次生林主要采取采伐、造林和育林措施相结合的综合措施，促进其天然进展演替，使林分逐步趋向地带性稳定健康的森林群落结构，达到该立地条件下应有的生产力水平，发挥其高效生态服务功能。

①封育保护：对于石质阳坡、坡度 20° 以上的上坡与梁脊上的杨桦次生林，在经营生态风险大、难以改造或可及度低时，以自然修复、生态保护为主，原则上不开展生产性经营活动。对于坡度在 15° 以下、土层较厚的林分，适度采取措施保护天然更新的幼苗（树），促进建群树种和优势木生长，加快森林进展演替。

②林冠下造林：对于土层较厚的林分，在郁闭度低于 0.5 的杨桦次生林或现有林分的较大林窗、林中空地实施林窗造林，以调整树种结构形成复层异龄混交林（图 8-10）。补植树种应选择能在林冠下生长、防护性能良好并能与主林层形成复层混交的耐阴树种，可以是区域潜在顶极树种或优良伴生树种，如云杉、华北落叶松、油松、蒙古栎、五角槭、花楸树等。补植时尽可能保护原有的幼苗（树），不整地或少整地以减少对土壤与原有植被的破坏，补植点应配置在较大的林窗和林中空地处。

（a）经营前　　　　　　　　　　　　　　　（b）经营后

图 8-10　杨桦天然次生林向针阔混交林演替经营模式

③幼林管护与抚育：造林后要加强幼树保护，加强有害生物防治，减少有害生物对幼树的危害，要特别注意鼠、兔害防治。采用易受风冻、旱害的树种造林时，当年冬季应采取覆土、盖草等防寒（旱）措施，加强冬、春季新植苗

木的防风措施。适度开展扩穴（松土）、割灌除草等抚育措施。

　　④生物多样性保护：注重关键树种、关键林木的保护，不断丰富种类，增加数量，使林内生物多样性得以有效保护。将对增加林分生物多样性、保持林分结构具有重要作用，或为鸟类及其他动物提供食物或栖息地的林木标识为生境树，作为特殊目标树进行保留和管理。

9 西北地区

9.1 典型次生林发育阶段划分指标

西北地区现有锐齿槲栎类阔叶混交林和松栎针阔混交林大都是经大强度择伐破坏后而自然恢复的林分，而皆伐迹地或火烧迹地上一般采用人工造林的方式进行更新，几乎没有在皆伐迹地上自然更新而形成的栎类阔叶混交林或松栎针阔混交林。锐齿槲栎类阔叶混交林和松栎针阔混交林群落树种组成极为丰富，各树种的生长发育差别很大，林分中存在各个年龄阶段的林木，有择伐时保留下来的母树及其他非目的树种的大树，也有自然更新的实生林木，对于锐齿槲栎而言则大多是萌芽更新的林木，因此，很难按照林木的年龄或龄级来划分林分的发育阶段。在锐齿槲栎阔叶混交林和松栎针阔混交林经营中一般根据林分状态制订相应的经营措施，可尝试根据林分的状态划分不同的发育阶段。林分状态可通过8个方面来描述（图9-1）：①林分空间结构（垂直结构和水平结构）；②林分年龄结构（直径分布类型）；③林分组成（树种多样性和树种组成系数）；④林分密度（林分拥挤度）；⑤林分长势（林分优势度和林分潜在疏密度）；⑥顶极种竞争（树种优势度）；⑦林分更新（更新幼

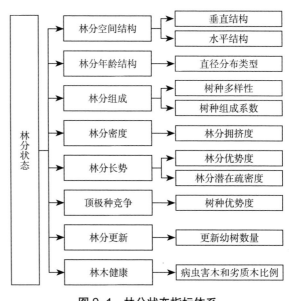

图 9-1　林分状态指标体系

树数量）；⑧林木健康（病虫害木和劣质林木比例）。这 8 个方面的指标不仅能够体现森林的状态，而且在很大程度上反映了决定森林功能的结构、多样性和活力。同时，这些指标不仅易于量化（调查数据易于获取和计算），而且在经营实践中便于操作。各指标的评价标准及方法参见相关文献（惠刚盈，2001）。

9.2 典型次生林结构化经营措施

林分状态评价是对林分现状进行分析的过程，也是针对林分的经营问题进行诊断的过程。分析林分的状态，能够明确森林是否需要经营，为什么需要经营，从哪些方面进行经营能够改善林分状态。此外，林分状态评价还需要明确优先针对哪些不合理的林分状态进行经营的问题（即经营措施优先执行顺序问题），理想的经营策略是优先选用既能有针对性地解决单一经营问题，又能同时解决其他经营问题的技术措施。对于锐齿槲栎阔叶混交林来说，不同的发育阶段可能存在不同的经营问题，相似的发育阶段也可能存在不同的经营问题，因此，对于不同发育阶段的锐齿槲栎阔叶混交林来说，要依据林分状态，针对存在的主要问题提出相应的经营措施，并对经营措施进行合理安排。下面介绍针对单一问题时对应的经营措施。

9.2.1 培育和保留对象

（1）稀有种、濒危种和散布在林分中的古树

为了保护林分的多样性和稳定性，禁止对稀有树、濒危种和散布在林分中的古树进行采伐利用。在锐齿槲栎阔叶混交林和松栎针阔混交林中，刺楸、武当玉兰、四照花、铁橡树、领春木等均为珍稀濒危树种。对于珍稀濒危树种应着重保护和培育，严格禁止采伐利用；在一些天然林分中，散布着少量树龄高达百年甚至几百年的古树，从森林景观及森林文化内涵的角度来说，这些古树应该严格保护，禁止采伐利用。

（2）顶极或地带性树种

顶极树种一般为建群种或地带性顶极树种。锐齿槲栎阔叶混交林和松栎针

阔混交林中的顶极树种为锐齿槲栎、油松或华山松。培育对象主要为顶极树种中生长健康、干形通直圆满、生长潜力旺盛的林木，包括天然更新的幼苗（树）。

（3）其他主要伴生树种的中大径木

主要伴生树种与顶极树种保持着密切的共生互利关系，是群落演替过程中不可缺少的物种；有些树种虽然经济价值不高，但对于维持森林群落的生物多样性和稳定性具有重要的意义。对于锐齿槲栎阔叶混交林和松栎针阔混交林来说，经营时要针对青榨槭、五角槭、千金榆、冬瓜杨、漆树、栓皮栎、辽东栎、红桦等主要伴生树种的中、大径木进行结构调控。

9.2.2　维持林分健康

林木个体的健康是要首先考虑的问题，对于存在林木健康问题的林分，除稀有种、濒危种及古树外的所有病腐木、断梢木及特别弯曲的林木要及时伐除。当林分中顶极树种、主要伴生树种中单株林木出现病腐现象时，为防止病菌滋生和蔓延，应立即伐除病腐木，改善林分的卫生状况。

9.2.3　采伐利用林木

对林分中达到自然成熟或培育目标的林木进行采伐利用。锐齿槲栎类阔叶混交林和松栎针阔混交林中各树种的目标直径如下：锐齿栎 45cm+，红桦、漆树 45cm+，华山松、油松 50cm+，山杨 40cm+。

9.2.4　林分结构优化

在明确林分中的培育和保留对象、伐除不健康林木后，针对林分中的顶极树种和主要伴生树种的中、大径木所在的结构单元进行调节，主要从林木的分布格局、树种隔离程度、竞争关系和林木的拥挤程度等方面进行调节（图 9-2）。

（1）林木分布格局的调整方法

通常情况下，林分如果不受严重干扰，经过漫长的进展演替后，顶极群落林木的水平分布格局应为随机分布。因此，格局调整的方向应是将非随机分布

图9-2 培育对象与相邻木组成的结构单元

型的林分调整为随机分布型。

当目标树确定后，如果其最近4株相邻木聚集分布在目标树的一侧，则对其中的一株或几株进行调整，使新构成的结构单元中的相邻木随机分布在培育对象周围，调整时要综合考虑竞争关系、多样性和树种混交等因素（图9-3）。

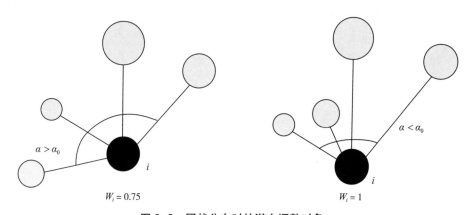

图9-3 团状分布时的潜在调整对象

如果最近4株相邻木均匀分布在目标树的周围，则对其中的一株或几株进行调整，通过采伐个别相邻木，使新构成的结构单元中的相邻木随机分布在培育对象周围，调整时要综合考虑竞争关系、多样性和树种混交等因素（图9-4、图9-5）。

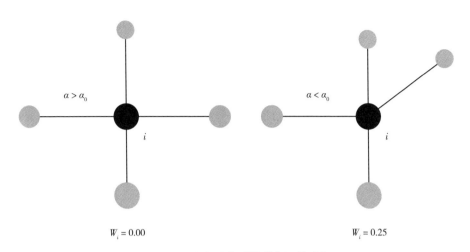

$W_i = 0.00$　　　　　　　　　　　　　　　　$W_i = 0.25$

图 9-4　均匀分布时的潜在调整对象

（a）调整前　　　　　　　　　　　　　　（b）调整后

图 9-5　分布格局调整

（2）树种混交的调整方法

　　林分内不缺乏顶极树种或主要建群种的中、大径木，同时还有足够的母树或更新幼苗时，树种组成调节的主要任务是调节混交度。经营时，将林分中培育对象所在的结构单元混交度取值为0，将混交度为0.25的林分单元作为潜在调整对象（图9-6），通过伐除与培育对象为同树种的相邻木来调整树种混交（图9-7），调整时要综合考虑林木的分布格局、竞争关系、目标树培养、树种多样性等因素。对于锐齿槲栎阔叶混交林和松栎针阔混交林而言，树种混交一般情况下并不会成为主要经营问题。

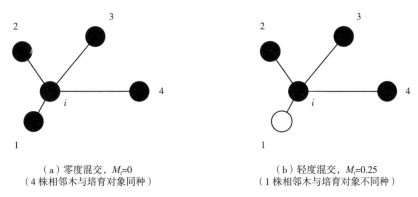

(a) 零度混交，$M_i=0$
(4 株相邻木与培育对象同种)

(b) 轻度混交，$M_i=0.25$
(1 株相邻木与培育对象不同种)

图 9-6　需要调整树种混交的结构单元

(a) 调整前   (b) 调整后

图 9-7　树种混交调整

(3) 竞争关系调整方法

针对顶极树种或主要伴生树种的中、大径木进行竞争关系的调整（图 9-8）。调整顶极树种小径木的竞争树大小比数时，应以减少目标树的竞争压力，创造适生的营养空间为原则，最大程度地使其不受到相邻竞争木的挤压（图 9-9）。调整顶极树种或主要伴生树种的中、大径木竞争关系时，应使经营对象所在的结构单元的大小比数不大于 0.25（使保留木处于优势地位或不受到挤压威胁）。

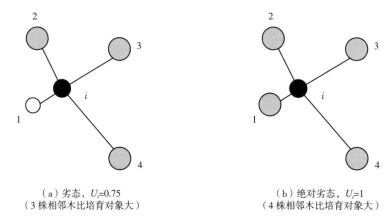

（a）劣态，$U_i=0.75$
（3株相邻木比培育对象大）

（b）绝对劣态，$U_i=1$
（4株相邻木比培育对象大）

图 9-8　需要调整竞争关系的结构单元

（a）调整前　　　　　　　　　　　　　　（b）调整后

图 9-9　竞争关系调整

（4）林木拥挤度调整方法

密集度量化了参照树与相邻木的树冠遮盖和挤压程度，直接反映了目标树的竞争态势。如果顶极树种或主要伴生树种的中、大径木在树冠拥挤的结构单元内（即密集度等于 1 或 0.75 的结构单元），应将挤压和遮盖培育对象的相邻木作为潜在采伐对象，以最大程度地降低培育目标的树冠拥挤程度和竞争压力（图 9-10）。此外，林分结构调整还需综合考虑林木的分布格局、相对大小关系和树种多样性等因素。

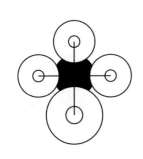 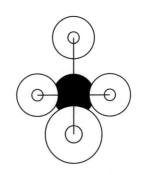

（a）非常密集，$C_i=1$ （b）密集，$C_i=0.75$
（4 株相邻木遮盖、挤压培育对象）   （3 株相邻木遮盖、挤压培育对象）

图 9-10   需要调整拥挤程度的结构单元

9.2.5   林分密度调整

    锐齿槲栎阔叶混交林和松栎针阔混交林普遍存在密度过大的问题，但在经营中，对于密度过大的林分不需要单独进行调整，因为在进行林分结构调整时采伐了部分林木，已经降低了林分的密度，除非在结构调整后，密度仍然很大的情况下，才进一步进行密度调整，但此时的密度调整仍然以格局、混交、竞争及挤压调节为主，即通过增加培育对象和调节培育对象所在的结构单元来进一步降低林分密度。

9.2.6   林分更新

    锐齿槲栎阔叶混交林和松栎针阔混交林更新存在的主要问题是目的树种缺失或多代萌生遗传退化、先锋树种聚生或丛生、天然更新实生苗较少，因此，次生林的林分更新以天然更新为主，人工促进天然更新和人工更新为辅。主要措施：在林分中保留一定数量和质量的母树，提高种源数量和质量，或者在林间空地、林缘引入乡土树种和顶极树种进行补植补造；人工促进天然更新等辅助性措施主要是采取人为埋种、整地等措施，例如，当枯枝落叶物过厚时会影响天然下种后种子的萌发，这就需要通过采取整地、人为埋种等措施促进林木更新（图 9-11）。

图 9-11　天然更新的锐齿槲栎幼苗（树）

9.3　锐齿槲栎阔叶混交林结构化经营模式

9.3.1　适用林分

锐齿槲栎是槲栎的变种，广泛分布于我国华北至西南、华南各地。锐齿槲栎阔叶林分布在海拔 1400~2000m。树种组成极为丰富，其中北温带成分占绝对优势，如栎属、槭属、椴属、桦木属、杨属、柳属、榛属、花楸属、蔷薇属、山楂属、绣线菊属、忍冬属、胡颓子属、山茱萸属、蒿属等；属东亚成分的有猕猴桃属、四照花属等；属东亚—北美成分的有胡枝子属、六道木属、五味子属等；属中国喜马拉雅成分的有箭竹属等一些种；也有亚热带区系成分的枫杨、三桠乌药、杜仲、黄连木、三叶木通等。郁闭度 0.7~1.0，林分高度 15~20m。乔木层中锐齿槲栎一般占到 70% 以上，伴生树种主要有山杨、青榨槭、五角槭、千金榆、白桦、冬瓜杨、漆树、栓皮栎、辽东栎、红桦、华山松、油松等（图 9-12）。

图 9-12　锐齿槲栎阔叶混交林林相

9.3.2　林分现状

锐齿槲栎阔叶混交林是由锐齿槲栎占优势与其他多种阔叶树种混交形成的阔叶混交林，或由多种阔叶树种占绝对优势与锐齿栎混交形成的阔叶混交林，林分中混有极少量的华山松或油松。锐齿槲栎阔叶混交林多为大强度采伐破坏后自然恢复的林分，群落树种组成丰富，树种多样性和隔离程度高，多为强度混交；栎类为主要建群种，但优势不明显；林分密度大，林内卫生条件差，萌生株多，林木大小分化明显，分布格局多为团状；林层结构复杂，为异龄复层结构；林下腐殖质层较厚，幼苗更新中等，不健康林木比例相对较高。

9.3.3　经营目标

依据森林所处的生态区位，经营培育过程中应注重提升水源涵养、水土保持及固碳功能，同时兼顾木材生产功能。通过提高林分健康水平，降低不健康林木比例和林分拥挤程度；采伐利用成熟阔叶林木；保护培育具有利用价值的阔叶树种单木；调整林木分布格局向随机分布发展；促进天然更新，增加林分中主要树种的实生幼树及天然更新数量，促进林分形成健康、稳定、优质、高效的锐齿槲栎阔叶混交林。采用结构优化单株择伐作业法。

9.3.4　目标林分

地带性森林为以锐齿槲栎为主的阔叶混交林，复层异龄，锐齿槲栎占五成以上，伴生阔叶树有山杨、青榨槭、五角槭、千金榆、白桦、冬瓜杨、漆树、栓皮栎、辽东栎、红桦、华山松、油松等（图9–13）。主要树种目标直径：山杨40cm+，锐齿栎45cm+，红桦、漆树45cm+，华山松、油松50cm+；目标蓄积量220~300m³/hm²。天然更新为中等以上。

锐齿槲栎阔叶混交林结构化经营模式的全周期阶段划分和经营措施见表9–1。

表9–1　全周期发育阶段划分和主要经营措施

发育阶段	林分状态	主要经营措施	林相
发育早期阶段	大强度采伐破坏后自然恢复的林分，群落树种组成丰富，栎类和松类为主要建群种，但优势不明显，保留有少量的母树，树种多样性和隔离程度高，多为强度混交；林分密度大，林木拥挤，萌生株多，林木大小分化相对明显，胸径小于20cm的林木占70%以上，分布格局多为团状；林层结构相对简单，为异龄复层结构；幼苗更新中等，栎类实生更新幼苗（树）相对较多，不健康林木比例较高	针对林分中保留下来的栎类和松类进行结构调整。首先伐除不健康林木，然后选择长势良好的栎类萌生株、松类树种作为培育对象，调整林木的分布格局和竞争关系，降低林分密度；对天然更新的栎类、松类及稀少种幼树（苗）采取人工促进更新的措施	

续表

发育阶段	林分状态	主要经营措施	林相
竞争生长阶段	群落树种组成丰富，枥类和松类为主要建群种，优势明显，树种多样性和隔离程度高；林分密度大，林木拥挤，萌生株多，林木大小分化相对明显，胸径小于20cm的林木占60%以上，分布格局多为轻微团状分布；林层结构相对复杂，为异龄复层结构；幼苗更新中等，枥类实生更新幼苗（树）较少，不健康林木比例较高	针对林分中的建群种枥类和松类进行结构调整。首先伐除不健康林木，然后选择长势良好的枥类、松类树种及主要伴生树种的中、大径木作为培育对象，开展林木分布格局、树种隔离、竞争关系、拥挤程度等结构优化和调整；对天然更新的枥类、松类及稀少种幼苗（树）采取人工促进更新的措施	
相对稳定阶段	群落树种组成丰富，枥类和松类为主要建群种，优势明显，树种多样性和隔离程度高，林分密度大，林木拥挤程度低，萌生株多，林木大小分化相对明显，胸径小于20cm的林木占50%以上，分布格局多为随机分布；林层结构相对复杂，为异龄复层结构，林内有枯立木和倒木；幼苗更新中等，枥类实生更新幼苗（树）相对较少	针对林分中的建群种枥类和松类进行结构调整。首先伐除不健康林木，选择达到目标直径的林木进行择伐利用；然后选择枥类、松类树种及主要伴生树种的中、大径木作为培育对象，开展林木分布格局、树种隔离、竞争关系、拥挤程度等结构优化和调整，培育大径木；对天然更新的枥类、松类及稀少种幼苗（树）采取人工促进更新的措施	

图 9-13　锐齿槲栎阔叶混交林目标林相

9.4　松栎针阔混交林结构化经营模式

9.4.1　适用林分

松栎针阔混交林为西北地区典型的地带性植被类型，分布在海拔 1400~
2000m。该类型林分的树种组成以栎类和松类为主，栎类树种有锐齿槲栎、辽
东栎、栓皮栎等，松类树种主要是油松和华山松，并伴生有其他地带性植被，
其中北温带成分占绝对优势，主要有山杨、青榨槭、五角槭、千金榆、白桦、
冬瓜杨、漆树、红桦等。

9.4.2　林分现状

混交林树种组成以栎类和松类为主，伴生其他地带性植被，林分密度大，
树种多样性和隔离程度较高，多为强度混交（图 9-14）；林木分布格局多为随
机分布或轻微的团状分布，林木大小分化明显，林下腐殖质层较厚，更新中等。
松栎混交林依据优势树种所占的比例分为 3 类：松类占优势型、栎类占优势型
和松栎均衡型。

图9-14 松栎针阔混交林林相

9.4.3 经营目标

依据该类型林分所处的生态区位，经营培育过程中应注重提升水源涵养、水土保持及碳汇功能，同时兼顾木材生产功能。通过提高林分健康水平，降低不健康林木比例和林分拥挤程度；采伐利用成熟阔叶树；保护培育具有利用价值的阔叶树种单木；调整林木分布格局向随机分布发展；促进天然更新，增加林分中主要树种的实生幼树及天然更新数量；增加松类树种的比例，促进林分形成健康、稳定、优质、高效的锐齿槲栎阔叶混交林或松栎针阔混交林。采用结构优化单株择伐作业法。

9.4.4 目标林分

以栎类（锐齿槲栎、辽东栎、栓皮栎）和松类（油松、华山松）为主的针阔叶混交林，复层异龄，其他主要伴生阔叶树种有山杨、青榨槭、五角槭、千金榆、白桦、冬瓜杨、漆树等（图9-15）。主要树种目标直径：锐齿栎45cm+，红桦、漆树45cm+，华山松、油松50cm+；目标蓄积量250~300m³/hm²。天然更新为中等以上。

图 9-15　松栎针阔混交林目标林相

松栎针阔混交林结构优经营模式的全周期阶段划分和主要经营措施见表 9-1。

10 华中地区

10.1 马尾松次生林单株择伐经营模式

10.1.1 适用林分

马尾松次生林是原有植被遭到破坏后，通过自然更新形成的以马尾松为优势树种的次生林（图 10-1）。该模式适用于长江流域及以南，坡度为平、缓、陡坡及以下，交通相对便利的地区。

图 10-1 马尾松次生林林相

10.1.2　林分现状

天然林遭破坏后，长期的粗放经营导致马尾松林分密度较大，林分处于慢生低产状态，林下马尾松存在干形不良、林分质量和产量下降、主林层树种单一、林下更新植被较少的问题，还存在一定的病虫害风险。

10.1.3　经营目标

以用材林培育为主，兼顾保障林分的生态系统稳定性、生产力持续性和生物多样性，发挥生态效益和经济效益。采用单株择伐作业法。

10.1.4　目标林分

近期目标是培育以马尾松占优势的林分，林内有栎类、楠木、枫香树、檫、樟树等阔叶树种幼苗。马尾松目标胸径在 20cm+。远期目标是培育大径材马尾松与阔叶树种混交的针阔混交复层异龄林（图 10-2），马尾松目标胸径 50cm。

图 10-2　马尾松次生林目标林相

10.1.5 全周期发育阶段划分和主要经营措施（表 10-1）

表 10-1 全周期发育阶段划分和主要经营措施

龄组	主要经营措施	林相
幼龄林	抚育：进行适当的抚育，包括全面的刀抚和锄抚，每 1~2 年 1 次，连续 2~3 次，促进马尾松幼树早日成林 植苗：对于过疏的林分，应人工植苗更新栎类、楠木、樟树等阔叶树种，调整林分密度和结构	
中龄林	间伐：幼林郁闭后应当进行密度调控，通过抚育间伐调整林分郁闭度为 0.7 左右，密度为 660~1000 株/hm²，保留林分内干形优良、生长良好的单株马尾松，以培育大径林	
近熟林	透光伐：种间生长竞争激烈、林分出现明显分化时，开展 1 次透光伐；伐除干扰树，保留目标树密度为 200~400 株/hm² 促进更新：持续对下层天然更新的目的树种采取人工促进措施；在林中空地、林窗或林木稀疏的地段补植樟树、楠木等目的树种	

龄组	主要经营措施	林相
成熟林	生长伐：开展生长伐，促进目标树胸径生长，目标树密度控制在 100 株/hm²，控制林分冠层郁闭度在 0.7 左右，主林层郁闭度在 0.5 左右 促进更新：对下层天然更新的针阔叶树种和补植的阔叶目的树种实施人工促进天然更新和透光伐，并视情况补植目的树种，次林层密度调整为 600~1200 株/hm²	
过熟林	采伐更新：采伐达到目标胸径的马尾松；下层目的树种进入主林层并部分占据上层，选择更新形成的二代目标树，形成针阔混交马尾松林	

10.1.6　主要经营措施

① 卫生伐：为维护与改善林分的卫生状况，伐除病木、枯死木、树形歪曲木。

② 选择和标记目标树：划分目标树、干扰树、辅助树和其他树，选择目标树，标记采伐干扰树，保护辅助树。

③ 生长伐：在充分调查研究的基础上，确定马尾松目标树密度为 75~105 株/hm²，伐除最近的干扰树，控制林分冠层郁闭度在 0.7 左右，主林层郁闭度在 0.5 左右。

④ 人工植苗更新：对密度较小、有明显林窗的马尾松次生林，或采伐后的

过疏林分及处于竞争生长后期的林分，采用"见缝插针"的方式在林下和林窗补植适宜的阔叶树种，如栎类、枫香树、檫木、樟树等。

⑤ 人工促进天然更新：对主林层目标树及其重要保护物种采取除草、割灌等人工辅助措施，促进更新层目标树的生长发育，确保更新层目标树保持较高的生长、结实和更新能力。

10.2 栎类次生林目标树单株经营模式

10.2.1 适用林分

华中地区分布着大面积的栎类次生林，这些林分主要分布于地形复杂、地势险要、土壤贫瘠的地方，也常分布于江河发源地，以生态保护功能为主导。栎类次生林的树种组成主要有栓皮栎、麻栎、枹栎、锐齿槲栎、槲栎、大叶栎和小叶栎等（图 10-3）。

图 10-3　栎类次生林林相

10.2.2　林分现状

林内有许多由树木伐桩萌条、根蘖形成的萌生树，林分郁闭度较高，树种单一且林下灌木藤本较多，林分内病虫害发生较多，林木生长缓慢，林分年生长量较低，生态防护效能不高（图 10-3）。

10.2.3　经营目标

培育近自然复层异龄混交林，充分发挥森林的主导生态功能并兼顾经济效益，以标记和培育目标树和促进利用天然更新为主要技术特征。采用目标树单株择伐作业法。

10.2.4　目标林分

以培育健康稳定的近自然复层异龄混交林为基本目标，形成生物多样性丰富、生态系统稳定的可持续林分。栎类目标胸径 30~50cm。

10.2.5　全周期发育阶段划分和主要经营措施（表 10-2）

表 10-2　全周期发育阶段划分和主要经营措施

发育阶段	年龄（年）	主要经营措施
建群阶段（更新后至郁闭成林前）	（0，10］	培育单萌树：对林分内的萌生树，选择优质健壮萌条作为潜在目标树经营，逐步培养为单萌树 抚育：对影响单萌树生长的大型草本和灌木，进行侧方抚育，早期持续抚育 3 年
竞争生长阶段（郁闭后至干材形成期）	（10，20］	选择目标树：选择胸径较大、主干通直、长势旺盛的单萌树作为目标树，伐除影响单萌树生长的干扰木、劣质木、病虫木，每年除萌，抚育间伐的矮林林地郁闭度 ≥0.8，间隔期为 3~5 年 促进更新：清理林下枯枝落叶并松动表土，促进天然更新；在林内补植或播种栎类、乡土树种或珍贵阔叶树种，补充实生树，同时注意抚育，促进实生苗木的生长；注意病虫害防治

续表

发育阶段	年龄（年）	主要经营措施
质量选择阶段	（20，30]	生长伐：开展生长伐，采伐间隔期一般 5~10 年，伐除每株目标树相邻的 1~2 株干扰木，目标树保留密度为 150~225 株/hm²，目标树平均间距为 7.0~8.0m，采伐后林分郁闭度在 0.6~0.7 更新抚育：对萌条（树木）进行生长抚育，以促进天然更新
近自然阶段	（30，60]	收获采伐：当单萌目标树达到目标胸径（30~50cm）后，进行收获性择伐 选择目标树：伐后在天然更新的实生树中选择标记胸径≥10cm 的新一代目标树和干扰木，按目标树近自然经营法对林分进行经营，直至形成复层异龄混交林
恒续林阶段	>60（过熟林）	促进更新：通过林冠下人工造林，或局部采伐形成林隙林窗人工造林的方式，培育更新层，最终形成多树种的复层异龄混交林 改造：老龄矮林人工更新可以采用直播和植苗的方式，增加林下耐阴树种，逐步实现树种替代；树种为本地乡土树种或珍贵阔叶树种，一般营造针阔混交林

10.2.6 主要经营措施

栎类次生林食叶害虫和蛀干害虫多发，主要有栎毛虫、尺蠖、天牛、栎实象甲等。栎类的病害主要有橡实僵干病、白粉病、锈病、枯枝病、干腐病等。采用的防治方法有飞机防治、释放烟雾剂等措施，对于局部发生的食叶害虫，也可以在林下实施高压喷雾化学防治。坚持"预防为主，综合治理"的方针，逐步向营林技术防治、生物防治和物理防治的方向转变。

10.3 苦槠次生林伞状渐伐经营模式

10.3.1 适用林分

苦槠林是长江以南五岭以北各地常见森林，常分布于海拔 200~1000m 丘陵或山坡中，常为次生林中先锋和建群林分，林分中常有木荷、马尾松、甜槠、青冈栎等树种。

10.3.2 林分现状

由于早期过伐母树，苦槠多代萌生，导致林分密度过大，林下植被覆盖和生物量减少，土壤肥力下降，且苦槠枝叶生长繁茂，林内光线条件差，树木枝干过细，林木材质次，难以形成优质大径材（图 10-4）。

图 10-4 苦槠次生林林相

10.3.3　经营目标

培育珍贵优质大径材，营造稳定的林分结构，合理利用空间资源，保障林分生产力的持续性。采用伞状渐伐作业法。

10.3.4　目标林分

以苦槠为主要树种的珍贵阔叶林，通过伞状渐伐促进林分生长和林下更新。苦槠目标直径 45~60cm+，目标蓄积量 150m^3/hm^2 以上（图 10-5）。

图 10-5　苦槠次生林目标林相

10.3.5　全周期发育阶段划分和主要经营措施（表 10-3）

表 10-3　全周期发育阶段划分和主要经营措施

龄组	主要经营措施
幼龄林	幼林抚育：苦槠次生林早期生长缓慢，需加强抚育管理，幼林郁闭前一般每年锄草并穴状松土、培土两次，第一次抚育在 5~6 月，第二次抚育在 8~9 月；应适当添加磷粉，促进苦槠根生长，增强林木对养分的吸收

龄组	主要经营措施
中龄林	抚育性采伐：幼林郁闭后，首先采用伞状渐伐进行透光伐抚育，以促进林木生长和天然更新，随着林分生长和竞争的加剧，采取疏伐方式优化林分密度，调整干形，培育珍贵优质大径材 促进更新：保留林分内优质珍贵树种幼苗，促进天然更新
近熟林	生长伐：种间生长竞争激烈，林分出现明显分化时，开展 1 次生长伐；伐除干扰树，目标树密度控制在 150~200 株/hm²，提高林分结构稳定性 促进更新：持续对下层天然更新的目标树种采取人工促进措施
成熟林	生长伐：开展生长伐，促进目标树胸径生长 促进更新：对下层天然更新的珍贵阔叶树实施人工促进天然更新和透光伐
过熟林	采伐更新：采伐达到目标胸径的苦槠；促进下一层目标树种生长进入主林层，形成新的苦槠大径材林

10.3.6　主要经营措施

主要经营措施包括疏伐、下种伐、透光伐和除伐 4 个环节，根据林分所处阶段，采取对应的作业措施。

10.4　枫香树次生林群团状择伐经营模式

10.4.1　适用林分

枫香树次生林主要是通过母树下种的天然次生林，其次是通过树桩萌芽更新的天然次生林。结构层次比较明显，群落由乔木、灌木、草本 3 层构成，物种组成丰富，常有其他常绿阔叶树种或针叶树种伴生，有栎类、响叶杨、栲、黄樟、化香树等（图 10-6）。

图 10-6 枫香树次生林林相

10.4.2 林分现状

枫香树性喜阳光，萌蘖力强，早期生长迅速，适应性广，由于封育或者粗放管理等原因，没有及时对其进行抚育伐及间伐，林分密度过大，群落层次结构简单，影响林分生长。天然次生林多为中幼林，树龄参差不一，林分质量总体不高。

10.4.3 经营目标

以生态系统服务功能为主。采用以群团状择伐为主的混交林经营作业法。

10.4.4 目标林分

营造林分结构稳定的阔叶混交林（图 10-7）。枫香树目标直径 25~40cm+，目标蓄积量 220~300m^3/hm^2。

图 10-7　目标林相

10.4.5　全周期发育阶段划分和主要经营措施（表 10-4）

表 10-4　全周期发育阶段划分和主要经营措施

龄组	主要经营措施
幼龄林	对于杂灌较多的区域，进行抚育以促进目的树种生长；针对在重要水源地、坡度大于 25° 林地和划为公益林的枫香树幼龄林，实行封育保护，方式为全封，封育期间禁止除育林措施以外的一切人为活动
中龄林	幼林郁闭后，进行疏伐和抚育，针对枫香树次生林中霸王木、生长状态差的林木进行群团状择伐，根据林分的总体水平，伐掉劣质木、异龄木和非目的树种，使林内通透，将枫香树林密度调整到 1500~2500 株/hm²，促进林下天然更新
近熟林	选择目标树，目标树密度控制在 150~200 株/hm²，开展 1 次生长伐，伐除干扰树；进一步促进林下天然更新
成熟林	对成材树的采伐利用以择伐为主
过熟林	对枫香树林内的空地、林窗或密度过小的林分，用枫香树、马尾松或栎类等幼苗进行补植，人工促进天然更新，增加林分密度，改善树种结构，增加多样性，稳定生态系统，提高林分质量

10.4.6　主要经营措施

① 卫生伐：伐除弯扭多杈的、受病虫危害的、生长衰退的、无培育前途的林木。

② 抚育间伐：遵循采伐原则，看树种选择砍伐木与保留木，看树干留优去劣，采伐干扰树，围绕目标树开展抚育，为枫香树及其他目的树种留下生长空间。

③ 透光伐：主要针对天然更新幼树和补植的目的树种，伐除影响其高生长的非目的树种。

④ 补植：对过疏林分及处于竞争生长后期的林分，补植目的树种，形成稳定的复层异龄林。

⑤ 人工促进天然更新：对天然更新的枫香树和栎类，可采用割灌除草、施肥等方式促进其生长更新。

11 南方（华南、华东）地区

11.1 天然阔叶林目标树单株经营模式

11.1.1 适用林分

适用于天然阔叶混交林（图 11-1），土壤类型主要为红壤或黄壤，林地质量等级主要为 I、II 级。

11.1.2 经营目标

以培育水土保持、水源涵养、景观美化等生态服务功能为主，兼顾大径材生产。

11.1.3 目标林分

目标林相为复层异龄阔叶混交林，以生产大径级珍贵硬阔叶材为主，兼顾水源涵养、景观服务等生态文化辅助功能。目的树种包括槠栲类、闽楠、木荷、栎类等地带性阔叶树种。

主林层：目标树密度为 150~250 株/hm²，平均树龄 60 年以上，平均胸径 45cm+，目标蓄积量 200~300m³/hm²。

次林层：目标树（潜在目标树）密度为 200~350 株/hm²，树龄 45 年以上，平均胸径为 35cm+，目标蓄积量 120~200m³/hm²。

更新的目的树种进入主林层后，经单株木择伐作业经营，促进目标树更新生长，形成阔叶异龄混交林。目标直径 50cm。

图 11-1　天然阔叶次生林林相

11.1.4　全周期发育阶段划分和主要经营措施（表 11-1）

表 11-1　全周期发育阶段划分和主要经营措施

林分发展阶段	年龄（年）	胸径（cm）	树高（m）	主要经营措施
介入状态	（0，20］	（0，16］	（0，10］	稀疏林分，在林中空地"见缝插针"式补植目的树种幼苗幼树；在较郁闭次生林内，划分不同林木类型，标记目标树、干扰树及潜在目标树等，并进行适当修枝、砍杂，注意保护林下目的树种的幼苗

林分发展阶段	年龄（年）	胸径（cm）	树高（m）	主要经营措施
竞争生长阶段	（20，30]	（16，25]	（10，16]	待林分冠幅重叠至 1/3（半径）时，进行第一次透光伐（或生长伐），伐后郁闭度控制在 0.7 左右（生长伐强度控制在伐前林木蓄积量的 20% 以内，伐后主林层目标树密度控制在 200~350 株/hm²），并进行必要的修枝作业，抚育后目的树种幼树上方及侧方有 1.5m 以上的生长空间；标记目标树、潜在目标树、干扰树
质量选择阶段	（30，45]	（25，35]	（17，22]	当下层更新幼树生长受到影响时，进行第二次生长伐（或透光伐），伐后上层郁闭度不低于 0.6；按照留优去劣的原则进行林分抚育，伐除非目的树种、干型不良木及霸王木等，并进行林下清场及部分林木修枝，上层保留木郁闭度保持在 0.5~0.6，并注意保留天然的幼苗（树）；对次林层林木进行疏伐、修枝等措施，促进次林层林木快速生长发育；标记目标树、潜在目标树、干扰树；主林层目标树控制在 150~250 株/hm²，次林层潜在目标树控制在 300~450 株/hm²
目标树生长阶段	（45，60]	（35，45]	（22，28]	伐除干扰树，并对目标树进行修枝；适当对次林层进行疏伐，促使次林层林木快速生长发育；次林层以及主林层的抚育渐伐强度不能超过前期目标树的 20%，间隔期小于 5 年
恒续林阶段	>60	>45	>28	对主林层达到培育目标直径的林木采取单株木择伐，注意林下更新幼苗的保护；择伐后对下层目的树种以天然更新为主，辅以人工促进，实现阔叶混交林恒续覆盖

11.1.5 主要经营措施

采用目标树大径材单株择伐作业法，实施近自然经营，技术措施调整为标识目标树，采伐干扰树，调整疏密度，补植加管护。每亩确定10株长势旺盛、干形通直、径级较大且分布均匀的米槠、丝栗栲等目标树。保护樟、楠、南酸枣等辅助树。实施3~5次抚育性择伐，适时采伐利用干扰树，调整一般林木的疏密度。林间空地补植珍贵树种，对更新层幼树进行扩穴培土，加强封山管护，促进形成异龄复层的天然阔叶混交恒续林。

过去抚育过程中，未确定更新层幼树目标树而简单地伐除，致使符合培育目标的树种数量不足。为此选择高价值树种的优秀个体作为目标树定向培育，同时在林下补植高价值的林木，快速有效地提高林分价值和林地使用效率，并认真识别幼树，促进和保护有效的天然更新，在天然更新幼树根部1m半径内割灌除草，设置反坡向的水肥坑。

11.2 马尾松、杉木－硬阔类针阔混交林目标树单株经营模式

11.2.1 适用林分

适用于南亚热带马尾松、杉木次生林，立地条件宜选择低山丘陵地区海拔600m以下，土壤为花岗岩、砂页岩、变质岩等母岩发育的酸性红壤、黄壤和砖红壤性土。

11.2.2 经营目标

以生态防护为主，兼顾高价值大径材生产（图11-2）。

11.2.3 目标林分

马尾松林通过近自然化改造，引导林分前期形成针阔异龄混交林，后期形成以马尾松（杉木）为主要树种的近自然森林（图11-3）。50~55年（杉木

图 11-2　马尾松次生林林相

图 11-3　马尾松次生林改造的目标林相

40~45 年）时，马尾松和杉木目标树逐步达到目标直径（马尾松 60cm、杉木 40cm）。届时林分中主要有马尾松目标树 90~120 株/hm² （杉木 150~180 株/hm² ），阔叶树种 225~300 株/hm² 及天然更新的幼树，采伐蓄积可达 500m³/hm² 以上（杉木 400m³/hm² 以上）。第 65~70 年，马尾松、杉木已被逐步采伐利用，从林分中退出。林分逐步形成以补植的珍贵树种为建群种，具有多层次、多龄级、多树种的阔叶混交林。届时林分中主要有阔叶树种第一代目标树 90~120 株/hm²，阔叶树种第二代目标树和一般木 225~300 株/hm² 及其他天然更新的幼树。

11.2.4 全周期发育阶段划分和主要经营措施（表 11-2）

表 11-2 全周期发育阶段划分和主要经营措施

发育阶段	年龄（年）	优势高（m）	培育目标	主要经营措施
介入状态	（0，14]	（0，14]	稀疏林分，标记林木类型	稀疏林分，在林中空地"见缝插针"式补植目的树种幼苗（树）；在较郁闭次生林内，划分不同林木类型，标记目标树、干扰树及潜在目标树等，并进行适当修枝、砍杂，注意保护林下目的树种的幼苗
松阔异龄混交林阶段	（14，31）	（14，26）	促进林分蓄积增长，开林窗，补植阔叶树，营建松阔异龄混交林	第 15 年进行第一次生长伐，并开建直径为 8~10m 的林隙 60~90 个/hm²；次年在林隙内补植红椎、格木等珍贵树种，每个林隙补植 9~16 株。对补植阔叶树种进行抚育管护；每隔 5 年进行一次生长伐，并伐除影响阔叶树生长的马尾松；当补植的阔叶树优势木平均高≥15m 时选择目标树（60~90 株/hm²），伐除干扰树；对目标树修枝，修枝高度 7~9m
近自然林阶段	≥31	≥26	收获目标树，培育下一代目标树	继续目标树管理，每隔 5~8 年，根据目标树生长情况，选伐干扰树；目标树胸径≥50cm 后择伐利用；保护和促进林下天然更新，选培继代目标树

11.3 槠栲类天然阔叶混交林目标树单株经营模式

11.3.1 适用林分

适用于南方土壤类型主要为红壤或黄壤，林地质量等级主要为Ⅰ、Ⅱ级地区。宜采用单株择伐作业法。

11.3.2 经营目标

以水土保持、水源涵养、景观美化等生态服务功能为主，兼顾大径材生产（图11-4）。

（a）处于演替中期的槠栲类阔叶林   （b）标记的目标树——鹿角栲

图11-4 阔叶林林相和目标树标记

11.3.3 目标林分

培育目标林相为天然异龄复层阔叶混交林，目标树为鹿角栲、米槠等槠、栲类珍贵树种，混生树种为南酸枣、拟赤杨（赤杨叶）、枫香树等。

主林层：目的树种密度300~450株/hm²，其中目标树密度150~200株/hm²，林分平均树龄60年以上，平均胸径为50cm+，目标蓄积量250~350m³/hm²。经单株择伐作业经营，促进次代目标树更新生长，形成复层异龄混交林。

11.3.4　全周期发育阶段划分和主要经营措施（表 11-3）

表 11-3　全周期发育阶段划分和主要经营措施

林分发展阶段	年龄（年）	优势高（m）	主要经营措施
介入状态	（0，15]	（0，10]	对槠、栲、栎类次生林进行综合抚育，按照留优去劣的原则伐除非目的树种、干形不良木及霸王木等，并进行林下清场及部分林木修枝，上层保留木郁闭度保持在 0.5~0.6，并注意保留天然的幼苗（树）
竞争生长阶段	（15，25]	（10，15]	林冠间交叉超过 20% 时，进行第一次透光伐（或生长伐），郁闭度控制在 0.6~0.7（生长伐强度控制在伐前林木蓄积量的 20% 以内，伐后主林层潜在目标树密度控制在 450~600 株/hm²），并进行必要的修枝作业，促进林下更新层的生长；标记目标树、干扰树及潜在目标树；当下层更新幼树生长再受到抑制时，再次对上层林木进行透光伐（或生长伐），伐后上层郁闭度不低于 0.6
质量选择阶段	（25，40]	［15，19）	下层更新林木树龄 20 年以上，进入快速生长阶段。当下层林木生长受到抑制时，对上层进行透光抚育伐 2 次，伐后主林层目标树（潜在目标树）密度控制在 350~450 株/hm²，改善光照条件，增加营养空间，伐后上层郁闭度不低于 0.6；标记主林层及次林层的目标树、干扰树及潜在目标树；对次林层林木进行疏伐，逐步调整林分垂直结构
目标树生长阶段	（40，60]	［19，24）	下层更新林木树龄 40 年以上，进入径向生长阶段，逐步进入主林层，形成目的树种为主的复层异龄林；对部分胸径达到目标直径的林木进行择伐，强度不超过 20%，间隔期小于 10 年
			确定目标树（潜在目标树）密度为 150~200 株/hm²，对更新林木进行疏伐，伐后密度为 300~450 株/hm²

林分发展阶段	年龄（年）	优势高（m）	主要经营措施
恒续林阶段	>60	≥24	主林层达到培育目标，采取持续单株木择伐；择伐后对下层目的树以天然更新为主，辅以人工促进，实现混交林恒续覆盖

12 西南地区

西南地区是我国第二大林区，主要包括重庆、四川、贵州、云南和西藏五省（自治区），地形地貌复杂，海拔悬殊，地势由西向北向东南阶梯下降，主要以高原和山地为主，属亚热带季风气候，年降水量在 1100mm 左右。地带性土壤为红壤，分布有砖红壤、赤红壤、黄壤、棕壤、暗棕壤、紫色土和黑色石灰土等。植物种类丰富，森林类型多样，地带性森林为亚热带针叶林。该区地处长江、珠江等大江大河的上游或源头，是我国乃至全球生物多样性最富集的地区之一，生态区位十分重要；同时，土壤侵蚀严重，石漠化比较集中，生态环境脆弱。森林资源承担着六大水系上游或源头、石漠化地区的生态防护功能，是山区经济发展和林农致富的重要来源（国家林业和草原局，2019；刘兴良等，2022）。

西南地区森林资源经过长期采伐利用，形成了大面积次生林，多为中幼龄林，林分结构不稳定，大部分次生林由于遭受多次破坏已沦为低质低效林（周晓果等，2022），主要包括云南松次生林、栎类次生林和杨桦次生林等。

12.1 云南松次生林目标树单株经营模式

12.1.1 适用林分

适用于西南地区海拔 1000~2000m、土层较厚、立地条件较好的云南松次生林。

12.1.2 林分现状

由于毁林开荒、火灾及病虫害等原因，原始林遭到破坏，迹地上形成的云南松次生林存在干形不良、树冠分权等现象，林分树种组成较为单一、生物多样性较低（图 12-1）。

图 12-1　云南松次生林林相

12.1.3　经营目标

用材为主，兼顾水土保持和水源涵养功能。

12.1.4　目标林分

采用目标树单株作业法，通过采伐干扰树、修枝整形等措施，促进目标树生长，提高森林质量，提升木材品质和价值，构建云南松针阔混交异龄复层林，云南松占五成以上，伴生阔叶树有枫香树、青冈、麻栎、桢楠等，主要树种目标胸径：云南松 50cm+，其他阔叶树 40cm+；目标蓄积量大于 200m³/hm²。天然更新为中等以上。

12.1.6 全周期发育阶段划分和主要经营措施（表 12-1）

表 12-1 全周期发育阶段划分和主要经营措施

林分特征	优势高（m）	主要经营措施
建群阶段	（0，2.5]	严格保护，避免人畜干扰，幼树密度控制在 2500~3500 株/hm²，对未达到保留密度的林分可适当补植枫香树、青冈、麻栎、桢楠等阔叶树种，同时注意保留天然萌生的阔叶幼树幼苗
	（2.5，5]	开展透光伐 1 次，割除影响目的树种生长的灌木、藤本，去除枯死枝，林分密度控制在 1500~2500 株/hm²
竞争生长阶段	（5，10]	种间生长竞争激烈，林分出现分化。标记高品质目标树及辅助树，目标树密度控制在 150~200 株/hm²，开展疏伐 1~2 次，间隔期 3~4 年，去除枯死木（枯死枝）和劣质木，促进林木快速生长形成优良干材，密度控制在 1000~1500 株/hm²
质量选择阶段	（10，14]	目标树密度控制在 120~150 株/hm²，针对每株目标树伐除 1~2 株干扰树，伐后密度控制在 600~800 株/hm²，对目标树进行修枝。在林中空地、林窗或林木稀疏的地段补植枫香树、青冈、麻栎、楠木等阔叶树种；同时，标记第二代目标树
近自然阶段	（14，22]	择伐 2~3 次，间隔期 5~10 年，目标树密度控制在 100~120 株/hm²，调整林分密度至 400~500 株/hm²。促进林木个体径向生长，增加林木蓄积，改善林木质量和健康状况，培育形成高品质的云南松大径材
恒续林阶段	（22，28）	促进林分形成树龄、胸径、树高梯次结构，使目标树密度保持在 80 株/hm² 左右，将林分密度控制在 300~350 株/hm²
	≥28	保持林分径级结构条件下，对达到目标直径的目标树逐步择伐利用，对第二代目标树伐除劣质林木，保留优良个体，形成云南松针阔混交大径级恒续林

12.2　栎类次生林目标树单株经营模式

12.2.1　适用林分

适用于土层较厚、立地条件较好的栎类次生林，以期解决次生林生产力低下、生态功能和经济价值低的问题。

12.2.2　林分现状

栎类次生林大多由栎类树种多代萌生的混交林构成。栎类树种适应范围广，萌生能力强，海拔 500~2000m 均有分布，对生态环境要求不高，对土壤要求不严。目前次生林多为原始林经过采伐利用及人为破坏，以麻栎、栓皮栎、白栎、青冈等树种为主要建群树种，可用于培育大径级材（图 12-2）。

图 12-2　栎类次生林林相

12.2.3 经营目标

以水源涵养为主的多功能林、以用材为主的多功能林。

12.2.4 目标林分

采用目标树单株经营模式，通过采伐干扰树、修枝整形等措施，促进目标树生长，提高森林质量，提升木材品质和价值，构建地带性栎类为主的针阔混交复层异龄林，栎类占五成以上，伴生松杉类有马尾松、云南松、杉木等。主要树种目标直径：松杉类针叶树 50cm+，栎类等阔叶树 40cm+；目标蓄积量大于 180m³/hm²。天然更新为中等以上。

12.2.5 全周期发育阶段划分和主要经营措施（表 12-2）

表 12-2 全周期发育阶段划分和主要经营措施

林分特征	优势高（m）	主要经营措施
建群阶段	（0，2]	高度小于 1m 时保持自然状态，当高度大于 1m 后对丛生植株进行定株抚育（每丛保留 3~4 株发育健壮、干形良好的林木），保留密度 3000~4000 株/hm²，对未达到保留密度的林分可适当补植马尾松、云南松、杉木等针叶树种，注意保留其他天然更新的目的树种
	（2，4]	继续定株抚育（每丛保留 1~2 株发育健壮、干形良好的林木），保留密度 2000~3000 株/hm²，同时割除影响目的树种生长的灌木及藤本，结合适度整枝，培育优良干形
竞争生长阶段	（4，8]	种间生长竞争激烈，林分出现分化。标记高品质目标树及辅助树，目标树密度控制在 150~180 株/hm²，开展疏伐 1~2 次，间隔期 3~4 年，去除枯死木（枯死枝）和劣质木，促进林木快速生长，形成优良干材，密度控制在 1500~2000 株/hm²

续表

林分特征	优势高（m）	主要经营措施
质量选择阶段	（8，14]	目标树密度控制在 120~150 株/hm²，针对每株目标树伐除 1~2 株干扰树，伐后密度控制在 1000~1200 株/hm²；对林中空地、林窗或林木稀疏的地段补植马尾松、云南松、杉木等针叶树种；同时，标记第二代目标树
近自然阶段	（14，20]	择伐 3~4 次，间隔期 5~10 年，目标树密度控制在 100~120 株/hm²，调整林分密度至 600~800 株/hm²；促进林木个体径向生长，增加林木蓄积，改善林木质量和健康状况
恒续林阶段	（20，24]	促进林分形成树龄、胸径、树高梯次结构，使目标树密度保持在 80 株/hm² 左右，将林分密度控制在 350~400 株/hm²
	>24	保持林分径级结构条件下，对达到目标直径的目标树逐步择伐利用，对第二代目标树伐除劣质林木，保留优良个体，形成以栎类为主的针阔混交大径级恒续林

12.3　杨桦次生林群团状择伐经营模式

12.3.1　适用林分

适用于土层较厚、立地条件较好的杨桦次生林，以期解决杨桦次生林生产力低下、生态功能和经济价值低的问题。

12.3.2　林分现状

杨桦次生林是山杨多代萌生纯林、桦木（包括西南桦、光皮桦、白桦等）多代萌生纯林及山杨和桦木多代萌生混交林（图 12-3）。该类型次生林前期生长表现突出，中后期常出现腐心、林分质量差、抗性差，不能充分发挥林地生产力，易发生病虫害，不能用于培育大径材。

图 12-3 杨桦次生林林相

12.3.3 经营目标

水土保持和水源涵养功能为主，兼顾木材生产。

12.3.4 目标林分

采取"去杨桦保硬阔"的技术措施，经营过程中逐步伐除生长势弱、干形不良的林木，改善林内卫生条件，保留优质的山杨和桦木林木个体。同时，通过引入耐阴的硬阔叶树种，如桢楠、红锥、麻栎、栓皮栎、黄连木、香樟、青冈等，诱导杨桦次生林向硬阔混交林逐步转化，最终形成以硬阔叶为主、山杨和桦木为伴生树种的恒续林。阔叶树目标胸径40cm+，目标蓄积量大于180m³/hm²。天然更新为中等以上。

12.3.5　全周期发育阶段划分和主要经营措施（表 12–3）

表 12–3　全周期发育阶段划分和主要经营措施

林分特征	优势高（m）	主要经营措施
建群阶段	（0，2］	对于高度小于 1m 的幼树（苗）保持自然状态，当高度大于 1m 后对丛状植株进行定株抚育（每丛保留 3~4 株发育健壮、干形良好的林木），保留密度 3000~4000 株/hm²；对未达到保留密度的林分可适当补植楠木、红锥、麻栎、青冈等硬阔叶树种，注意保留其他天然更新的目的树种
	（2，6］	继续定株抚育（每丛保留 1~2 株发育健壮、干形良好的林木），保留密度 2000~3000 株/hm²，同时割除影响目的树种生长的灌木及藤本，结合适度整枝，培育优良干形
竞争生长阶段	（6，10］	疏伐 1~2 次，间隔 3~4 年，保留密度 1500~2000 株/hm²，促进林木生长，培育优良干材
质量选择阶段	（10，16］	群团状采伐，伐后密度控制在 1000~1200 株/hm²；林冠下群团状补植楠木、红锥、麻栎、青冈等硬阔叶树种，并及时进行幼林抚育；同时，对下层林木割除影响目的树种生长的灌木及藤本，结合适度整枝
近自然阶段	（16，20］	群团状采伐 2~3 次，间隔期 5~10 年，调整林分密度至 600~800 株/hm²。促进林木个体径向生长，增加林木蓄积，改善林木质量和健康状况
恒续林阶段	（20，24］	促进林分形成复层、异龄、混交结构，树种多样，保留密度 350~400 株/hm²
	>24	保持林分径级结构条件下，对达到目标直径的林木逐步择伐利用，同时对下层林木伐除劣质林木，保留优良个体，培育形成杨、桦与硬阔叶树种混交的异龄复层恒续林

参考文献

陈圣宾,宋爱琴,李振基,2005.森林幼苗更新对光环境异质性的响应研究进展[J].应用生态学报,16(2):365-370.

陈祥伟,胡海波,2005.林学概论[M].北京:中国林业出版社.

龚直文,2009.长白山退化云冷杉林演替动态及恢复研究[D].北京:北京林业大学.

国家林业和草原局,2019.中国森林资源报告(2014—2018)[M].北京:中国林业出版社.

惠刚盈,2021.结构化森林经营理论与实践[M].北京:科学出版社.

惠刚盈,Von Gadow K,胡艳波,等,2007.结构化森林经营[M].北京:中国林业出版社.

惠刚盈,胡艳波,赵中华,2009.再论"结构化森林经营"[J].世界林业研究,22(1):14-19.

李国猷,1992.北方次生林经营[M].北京:中国林业出版社.

刘兴良,刘杉,包维楷,等,2022.西南地区森林生态安全屏障构建途径与对策[J].陆地生态系统与保护学报,2(5):84-94.

陆元昌,2006.近自然森林经营的理论与实践[M].北京:科学出版社.

谭学仁,张放,胡万良,等,2008.辽东山区天然次生林恢复技术[M].沈阳.辽宁科学技术出版社.

王斐,翟国锋,刘幸红,等,2019.降水和遮阴对侧柏林地种子萌发的影响[J].种子,38(9):30-35.

王晓春,王金叶,江泽平,2008.甘肃小陇山次生林经营技术研究[J].西北林学院学报,23(3):142-146.

熊文愈,骆林川.,1989植物群落演替研究概述[J].生态学进展,6(4):229-235.

杨玲,康永祥,李小军,等,2015.黄帝陵古柏群林下天然更新研究[J].西北林学院学报,30(1):82-86.

张会儒,雷相东,2016.典型森林类型健康经营技术研究[M].北京:中国林业出版社.

张会儒,杨传平,刘兆刚,等,2022.东北天然次生林抚育更新研究[M].北京:中国林业出版社.

张守攻,肖文发,江泽平,2002.中国森林可持续经营标准与指标:LY/T 1594—2002[S].北京:国家林业局.

张悦,易雪梅,王远遐,等,2015.采伐对红松种群结构与动态的影响[J].生态学报,35(1):38-45.

中国林学会,1984.次生林经营技术[M].北京:中国林业出版社.

周晓果,孙冬婧,温远光,等,2022.西南岩溶地区天然次生林群落不同层次的构建机制[J].
　广西科学,29(1):120-130.

朱教君,2002.次生林经营基础研究进展[J].应用生态学报(12):1689-1694.

朱教君,刘足根,2004.森林干扰生态研究[J].应用生态学报(10):1703-1710.

朱万泽,王金锡,罗成荣,等,2007.森林萌生更新研究进展[J].林业科学,43(9):74-82.

Mcintosh R P,1981. Succession and ecological theory in forest sucession an application[M].
　New York:Springer-Verlag.

Rieger H,2004. Wertholzerzeugung in Rheinland-Pfalz[Z]. Landesforsten Rheinland-Pfalz.

Wang D,Guo Q,2020. Do smaller trees easily form a ring structure around larger trees in
　temperate forests?[J]. Canadian Journal of Forest Research,50(6):42-548.